Einführung

in die

Elektricitätslehre.

Vorträge

von

Bruno Kolbe,

Oberlehrer der Physik an der St. Annen-Schule in St. Petersburg.

~~~~~~~~~~

II.
Dynamische Elektricität.

Mit 75 in den Text gedruckten Holzschnitten.

Berlin.   1895.   München.

Julius Springer.   R. Oldenbourg.

Vorwort.

Der erste Teil dieser im Winter 1890/91 gehaltenen Vorträge, welcher die statische oder Reibungs-Elektricität behandelt, erschien vor zwei Jahren allein, da Kränklichkeit und Berufsarbeiten den Verfasser an der für den Druck erforderlichen Umarbeitung des zweiten Teiles hinderten. Leider verzögerte sich die Ausgabe der vorliegenden „dynamischen Elektricität" aus denselben Gründen länger, als vorausgesetzt war, doch kam diese Verspätung insofern der Arbeit zu gute, als mancher neue Versuch durchprobiert und eingefügt werden konnte (so z. B. die anschauliche Demonstration der Wirkungsweise des Telephons nach Bosschard, Fig. 74).

Da die Fülle des Stoffes eine Ausscheidung des minder Wichtigen dringend erforderte, so wurde aus dem Magnetismus nur das zum Verständnis der elektro-magnetischen Erscheinungen Nötige besprochen und einige Ergänzungen und praktische Winke im Anhange behandelt. In der Darstellung selbst ist der historischen Entwickelung möglichst Rechnung getragen. Bei der Einleitung in die dynamische Elektricität suchte der Verfasser dadurch einen engeren Anschluſs an die statische Elektricität zu erzielen, daſs er die ersten Versuche über das Stromgefälle im Leiter und die Abhängigkeit der Leitungsfähigkeit eines Leiters von seinem Querschnitt mit Hülfe der Influenz-Elektrisiermaschine anstellte (wie das u. a. von F. Poske in d. Zeitschr. f. d.

phys. u. chem. Unt. empfohlen worden). Da also hierbei
ein Apparat verwandt wurde, der als wichtigste Quelle der
statischen Elektricität bekannt ist, so konnte von vorn-
herein darauf hingewiesen werden, daſs bei den elektro-dynamischen Erscheinungen keine neue Art von Elektricität, sondern nur eine neue Form ihrer Wirkungsweise auftritt.

Aus der Analogie der hierbei beobachteten Erscheinungen mit den hydrodynamischen ergab sich ungezwungen der
Begriff der elektromotorischen Kraft.

Die Experimente stehen — dem eingeschlagenen induk-
tiven Gange entsprechend — im Vordergrunde; doch ist auch
hier eine möglichst geringe Anzahl von Apparaten
benutzt worden, von denen einige — speciell für den Schul-
gebrauch konstruiert — sich bereits den Beifall der Fachge-
nossen errungen und eine gröſsere Verbreitung gefunden
haben. Mit Ausnahme des Demonstrations-Galvanometers
sind alle am Schluſs aufgeführten neueren Apparate vom
Verfasser eigenhändig angefertigt, also leicht herstellbar. —
Um den Zuhörern den Überblick zu erleichtern, wurden ver-
schiedenfarbige Poldrähte und stellbare Stromrichtungs-Zeiger
angebracht (am Stromwender ein automatisch wirkender).
Überhaupt war Verfasser bemüht, die Versuche zu verein-
fachen; so wurden durch Anwendung eines vor den Augen
der Zuschauer *graduierten* Galvanometers alle Rechnungen
vermieden, wodurch u. a. das Ohm'sche Gesetz unmittelbar
zur Anschauung gebracht wurde.

Daſs der Verfasser die magneto-elektrische Induktion,
den neueren Anschauungen gemäſs, auf die Kraftlinien zu
begründen suchte, wird man gerechtfertigt finden; weniger vielleicht, daſs er manches traditionelle Experiment, wie das mit
der Volta'schen Säule oder gar „Volta's Fundamentalversuch" über Bord geworfen hat. Letzteres geschah, weil es
dem Verfasser widerstrebte, Anderen etwas klar machen zu

wollen, was er selbst nie begriffen hat — — und dazu gehört die „Kontakt-Theorie"! Da die Anschauungen über die Ursache der elektromotorischen Kraft für das Verständnis der Wirkungen des galvanischen Stromes bedeutungslos sind, so ist der Schaden nicht grofs. (Übrigens ist in Österreich vom Ministerium neuerdings die Besprechung des Volta'schen Fundamentalversuchs in den Schulen als „zweifelhaft" für unzulässig erklärt.)

Zur Vermeidung von Mifsverständnissen sind die Ausdrücke „elektrische Spannung" und „Klemmenspannung" vermieden und durch die längeren, aber eindeutigen Bezeichnungen „elektrische Niveaudifferenz" (Potentialdifferenz) und „Poldifferenz" ersetzt.

Vielfache Anregung verdankt der Verfasser der physikalischen Sektion des pädagogischen Museums der Militär-Lehranstalten in St. Petersburg und der „Zeitschrift für den physikalischen und chemischen Unterricht".

Herrn Prof. Dr. O. Chwolson, sowie den Oberlehrern Herren N. von Drenteln und A. Nating in St. Petersburg, und Herrn Prof. Dr. F. Poske in Berlin ist der Verfasser zu besonderem Dank verpflichtet für die Liebenswürdigkeit, mit der erstere ihn bei der Durchsicht des Manuskriptes, letztere bei der Korrektur der Druckbogen unterstützt haben.

Die Verlagshandlung hat in anerkennenswerter Weise für die Ausstattung gesorgt und die Figuren nach Originalzeichnungen des Verfassers neu schneiden lassen.

St. Petersburg, im März 1895.

Der Verfasser.

Inhalt.

I. Vortrag.

Die wichtigsten Erscheinungen des Magnetismus; Vergleich der magnetischen und der elektrostatischen Erscheinungen; Die Influenz-Elektrisiermaschine als Elektricitätsquelle; Verlauf des Elektrisierungsgrades entlang einem die Pole der Maschine verbindenden Halbleiter; Analogie zwischen hydrodynamischen und elektrodynamischen Erscheinungen; Begriff der elektromotorischen Kraft; Elektrisches Gefälle im Stromkreise; Abhängigkeit des elektrischen Gefälles von der Länge des Stromleiters; Ursache des elektrischen Stromes; Abhängigkeit des elektrischen Gefälles von der Leitungsfähigkeit des Stromleiters.

In der statischen oder Reibungs-Elektricität haben Sie eine Reihe von Erscheinungen kennen gelernt, welche mit den zunächst zu besprechenden magnetischen Erscheinungen zum Teil eine so auffallende Übereinstimmung zeigen, dafs wir unwillkürlich dazu gedrängt werden, zwischen beiden Gebieten einen inneren Zusammenhang zu vermuten. Bei genauerer Betrachtung werden sich aber bald gewichtige Unterschiede zeigen. Wir werden daher gut thun, die wichtigsten magnetischen und elektrostatischen Erscheinungen einander gegenüber zu stellen. Da die Magnete und ihre Haupteigenschaften Ihnen schon bekannt sind, so können wir uns auf das für das Folgende Notwendige beschränken.

Hier ist ein Stück Magneteisenerz, das aus einer chemischen Verbindung des Eisens mit Sauerstoff (Fe_3O_4) besteht. Durch Abschleifen hat man zwei gegenüberstehende Flächen eben gemacht. Ich fasse das Magneteisenstück in der Mitte und drücke es in ein Häufchen Eisenfeilspäne. Nach dem Herausheben sehen Sie (A Fig. 1) die Eisenteilchen daran haften, aber nicht gleichmäfsig. Dichtere Büschel hängen an den Endflächen, besonders an deren Kanten. In der Mitte zwischen beiden Endflächen sehen wir ringsum eine freie Zone, wo keine Eisenteilchen haften, die Indifferenzzone (ii bei A Fig. 1). Die Flächen, wo die magnetische Anziehung am kräftigsten ist, nennen wir die Polflächen oder Pole (p p). Nähere

ich eine Polfläche — nachdem ich die Feilspäne abgestreift
habe — einem Stück Eisen, so wird dieses stark angezogen
und ist seinerseits wieder imstande, Eisen anzuziehen (B Fig. 1).
Jede der beiden Polflächen kann ich so mit einer Kette von
Eisenstücken versehen und die Endglieder zeigen ebenfalls gegenseitige Anziehung und haften nach der Berührung aneinander (B Fig. 1, rechts).

Die magnetische Anziehung äufsert sich schon in der Nähe
der Polfläche. Ich befestige ein Stück weiches Eisen in einem
Ständer (A Fig. 2) und halte eine Polfläche nahe darüber. Nun
kann ich an dieses Stück Eisen ein zweites, an dieses ein
drittes hängen. Sobald ich aber den Magnet entferne, fallen

Fig. 1.
Magnetische Anziehung.
¹/₁₀ nat. Gröfse.

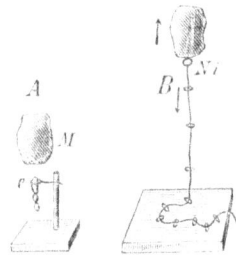

Fig. 2.
A magnetische Influenz. B verschiedene
Anziehungskraft d. Magnete auf Eisen u.
Nickel.

die freien Eisenstücke ab — ebenso, wenn ich bei dem vorigen
Versuch das oberste Eisenstück festhalte und den Magnet
fortnehme. Diese durch die Annäherung eines Magnets bewirkte Erscheinung heifst die magnetische Influenz. (Wir
kommen noch darauf zurück.)

Die magnetische Anziehungskraft äufsert sich beim Eisen
sehr stark, bei einigen Metallen (Kobalt und Nickel) schwach
und ist bei anderen Körpern nur mit Hülfe sehr starker Magnete nachweisbar. Um Ihnen den Unterschied zwischen Eisen
und Nickel zu zeigen, nehme ich von jedem Metall nahezu
gleich grofse Stücke, die rund gefeilt und mit einem Häkchen
versehen sind; diese hake ich in die Öse einer feinen seidenen
Schnur, an welche ich in Abständen Bleistücke von gleichem
Gewicht befestigt habe (B Fig. 2). Berühre ich die Eisen-
kugel mit einer Polfläche des Magnets, so kann ich eine

Kette von über 10 Bleistückchen aufheben, während die Nickel-
kugel herabfällt, sobald das vierte Bleistückchen gehoben werden soll.

Wir sahen: Bei der Berührung mit einem Magnet,
ja selbst durch Annäherung eines solchen, wird
weiches Eisen ebenfalls magnetisch, verliert aber
diese Eigenschaft sofort nach Entfernung des Magnets.
Auch wiederholtes Streichen mit dem Magnet ändert hierin
nichts, dagegen zeigt ein Stahlstab in diesem Falle bleibenden Magnetismus. Das setzt uns in den Stand, künstliche
Magnete von bequemerer Gestalt herzustellen.

Diese Stricknadel ist ein vortreffliches Versuchsobjekt.
Ich breche sie in der Mitte durch und erhalte zwei handliche
Stahlstäbchen, die ich magnetisiere, indem ich sie in der Mitte
fasse, dicht bei den Fingern auf die eine Polfläche des Magnets
lege und abziehe, sodaſs das Ende der Stahlnadel zuletzt die
Polkante verläſst. Dieses wiederhole ich 20—30 mal. Ebenso
verfahre ich mit der anderen Nadelhälfte, nur streiche ich sie
an der entgegengesetzten Polfläche des natürlichen Magnets. —
So! Jetzt sind beide Nadeln genügend stark magnetisiert, um
Eisenstücke zu tragen, deren Gewicht gröſser ist als das der
Magnetnadeln selbst. — Nun können wir vermittelst Magnetnadeln die eigentümlichen Eigenschaften der Magnete studieren.

An zwei Ständern, die einen Abstand von etwa 2 m haben,
sind an feinen, ungedrehten Seidenfäden kleine Bügel aus
Aluminiumdraht befestigt, in welche ich die beiden Magnetnadeln so lege, daſs sie horizontal schweben. — Sie sehen:
beide Nadeln schwingen einige Mal hin und her und nehmen
dann eine parallele Lage ein. An jener Sonnenuhr am Fenster
erkennen wir leicht, daſs das eine Ende jeder Nadel genau
nach Norden zeigt[1]).

Um die Enden der Nadeln von einander zu unterscheiden,
stecken wir an den „nordsuchenden" Pol jeder Magnetnadel,
den wir auch kurz „Nordpol" nennen können, einen rot ge-

---

[1]) Die horizontale Abweichung der Magnetnadel vom astronomi-
schen Meridian beträgt jetzt hier in St. Petersburg fast Null (nur etwa
$\frac{1}{2}$ Min. westlich) und kann daher für unsere Zwecke vernachlässigt werden.
Diese „Deklination" der Magnetnadel ist für westlicher oder östlicher
gelegene Orte bedeutend gröſser.

färbten Kegel aus leichtem Sonnenblumenmark und an das
andere Ende eine grüne Kugel aus demselben Stoff. Jetzt
zeigen beide wieder aufgehängten Magnetnadeln mit der Spitze
des roten Kegels nach Norden. Der rote Kegel markiert also
den Nordpol, die grüne Kugel den Südpol jeder Nadel. —

Uns drängt sich nun die Frage auf: wie verhält sich nun
ein solcher beweglicher Magnet bei der Annäherung eines
Stückes Eisen, und wie bei der eines zweiten Magnets? Ich
nähere einen eisernen Schlüssel der einen Magnetnadel — der
eine Pol wird angezogen, aber — — der andere ebenfalls,
d. h. *beide Pole des Magnets werden von dem unmagnetischen Eisen
angezogen*, wie vorhin das Eisen von jedem der beiden Magnetpole.

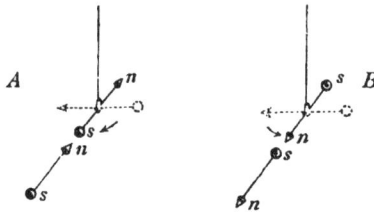

Fig. 3.
Magnetische Anziehung und Abstofsung. $1/10$ natürl. Gröfse.

Jetzt nehme ich eine Magnetnadel vom Bügel und nähere
ihren Nordpol der beweglichen Nadel von der Seite — sofort
dreht sich diese lebhaft herum, schwingt mit abnehmenden
Ausschlägen einige Mal hin und her und bleibt dann in einer
solchen Lage stehen, dafs ihr Südpol dem zugewandten Nord-
pole der genäherten Magnetnadel gegenübersteht (A Fig. 3). —
Kaum wende ich die feste Nadel, so schwingt auch die bewegliche herum und kehrt ihren Nordpol dem Südpole der genäherten zu (B Fig. 2).

Nachdem die aufgehängte Nadel wieder ihre nord-südliche
Ruhelage eingenommen hat, nähere ich ihrem Südpole rasch
den Südpol der anderen Magnetnadel — es findet eine lebhafte
Abstofsung statt; desgleichen zwischen beiden Nordpolen.
Wir sehen hieraus: *Ungleichnamige Magnetpole ziehen sich an, gleich-
namige stofsen sich ab!*

Sollte es möglich sein, beide Magnetpole von einander zu
trennen? Ich zerbreche die eine Magnetnadel in der Mitte und

nähere die Bruchfläche des mit dem roten Kegel versehenen Nord-Endes der aufgehängten Nadel — es ist hier ein Süd-pol entstanden; ebenso an der Bruchfläche des anderen Stückes ein Nordpol, d. h. *jedes zerbrochene Stück ist wieder ein vollständiger Magnet!* Ich zerbreche die Stücke nochmals, bis die Nadel in 8 nahezu gleiche Stücke geteilt ist. Nun stecke ich diese in eine dünne Glasröhre so, daſs auf einen Südpol immer der Nordpol des nächsten Stückes folgt und hänge die Glasröhre in den freien Bügel; Sie sehen, die 8 Magnetchen verhalten sich wie ein heiler Magnet.

Setzen wir in Gedanken das Zerteilen der Magnetnadel immer weiter fort, so hindert uns nichts an der hypothetischen Annahme, daſs jedes Molekül[2]) des Stahles, aus dem die Nadel besteht, einen Nord- und einen Südpol hat, also *der Magnet aus zum Teil gleichgerichteten Molekularmagneten zusammengesetzt ist* (Ampère).

Was wird nun geschehen, wenn diese Molekularmagnete nicht gleichgerichtet sind, sondern alle möglichen Stellungen einnehmen? Hier sehen Sie ein sehr dünnwandiges Probier-gläschen, das mit Stahl-Feilspänen locker gefüllt und durch einen Kork verschlossen ist. Durch längeres Streichen an den Polen eines starken Magnets gelingt es, die aus vielen Tau-senden von Stücken bestehende Stahlmasse zu magnetisieren, sodaſs die Enden kleine Eisenstücke zu tragen vermögen. — Jetzt lockere ich den Pfropf etwas und schüttele die Röhre so stark, daſs die Feilspäne durcheinander geworfen werden und — fast spurlos ist der Magnetismus verschwunden!

Nach dem Vorstehenden dürfen wir annehmen, daſs ein unmagnetisches Stück Stahl oder Eisen auch aus Molekular-magneten besteht, die aber alle möglichen Stellungen zu ein-ander haben. Magnetisieren heiſst also nur: einen Teil der Molekularmagnete gleichgerichtet parallel stellen. Die (in Wirklichkeit nie zu erreichende) Grenze der Magneti-sierbarkeit wäre der Fall, wo alle Molekularmagnete gleich-gerichtet sind. Die leichte aber nur vorübergehende Magneti-

Molekular-
magnete.

---

[2]) Unter Molekülen verstehen wir die kleinsten unter sich gleich-artigen Teilchen, aus denen die Körper zusammengesetzt sind. Die unteil-baren Elementarbestandteile der Moleküle heiſsen Atome.

sierbarkeit des Eisens könnte eine Folge der leichten Drehbarkeit der Eisenmoleküle sein, während die auch mit Kohlenstoffatomen behafteten Stahlmoleküle vielleicht schwerer drehbar sind, dafür aber — einmal gerichtet — ihre neue Stellung beibehalten. Die Thatsache, daſs ein Stück Stahl rascher den Magnetismus annimmt, wenn es während des Magnetisierens erschüttert wird, und daſs ein Stahlmagnet durch Stoſs oder Fall einen Teil seines Magnetismus verliert, spricht jedenfalls für unsere Annahme.

Noch haben wir die Frage zu entscheiden: Welchen Pol erhält das mit dem Magnetpol gestrichene Ende der Stahlnadel? Dieses Stück einer Stricknadel ist noch unmagnetisch. Ich fasse es nahe an einem Ende und ziehe es so an dem Nordpol eines Magnets ab, daſs das freie Ende zuletzt den Pol verläſst. Die Probe erweist, daſs dieses Ende ein Südpol geworden ist. Ebenso ergiebt das Streichen am Südpol des Magnets an der letzten Berührungsstelle des Stahlstäbchens einen Nordpol. Hierzu ist nicht einmal unmittelbare Berührung nötig, denn das Magnetisieren gelingt auch, wenngleich schwächer, an einem Magnetpol, den ich durch eine dünne Glimmerplatte vor der Berührung geschützt habe. Ja sogar ein harter (nicht ausgeglühter) eiserner Nagel, den ich mit dem einen Ende in die Nähe eines Magnetpoles bringe, zeigt nach einiger Zeit etwas bleibenden Magnetismus, und zwar hat das näherstehende Ende des Nagels einen entgegengesetzten, das abgewandte einen gleichnamigen Magnetpol erhalten. Diese Erscheinung nennen wir die magnetische Influenz (s. o. S. 2) und können sagen: Das Magnetisieren durch Streichen oder durch Annäherung eines Magnets ist ein Magnetisieren durch Influenz.

Magnetisierung durch Influenz.

Nun wollen wir noch versuchen, den Magnet durch Berührung mit verschiedenen Körpern zu „entladen" — — es gelingt durchaus nicht. Der Magnetismus ist also nicht ableitbar. Dagegen wird ein Magnet (nahezu) unmagnetisch durch das Erhitzen in einer Flamme.

Wir wollen nun die wichtigsten magnetischen Erscheinungen zusammenfassen und ihnen die uns schon bekannten Erscheinungen der statischen Elektricität gegenüberstellen (vergl. I. Bd., S. 5).

Magnetische Erscheinungen.

1. Es giebt nur einen magnetischen Zustand, dessen zusammengehörige Äufserungsformen wir als **Nord- und Südmagnetismus** bezeichnen.

2. Ein magnetisierter Körper zeigt (bei regelmäfsiger Magnetisierung **zwei**) entgegengesetzte Pole (**Nord-** und **Südpol**), während dazwischen die **Indifferenzzone** liegt.

3. Gleichnamige magnetische Pole stofsen sich ab, ungleichnamige ziehen sich an.

4. Wird ein Stahlmagnet in beliebig viele Stücke zerbrochen, so ist jedes Stück wieder ein vollständiger Magnet mit einem Nord- und einem Südpol.

5. Eine frei beweglich aufgehängte Magnetnadel stellt sich in den magnetischen Meridian ein, hat also eine **Richtkraft**.

6. Nur wenige Stoffe lassen sich in merklichem Grade magnetisieren oder wirken auf die Magnetnadel ein (Eisenerze, Nickel, Kobalt u. e. a.).

7. Bei einem Magnet ist **jedes Molekül ein Magnet**, also der Sitz eines Nord- und eines Südpols (vergl. 4). Magnetisieren heifst also: mehr oder weniger Molekularmagnete gleichgerichtet parallel stellen.

8. Durch Berührung kann einem Magnet der Magnetismus **nicht** entzogen werden.

9. Durch Streichen mit einem Magnet (Influenzwirkung, s. o.) können beliebig viele Stahlstäbe magnetisiert werden, ohne dafs der influierende Magnet an Stärke einbüfst.

Elektrostatische Erscheinungen:

1. Es giebt zwei verschiedene elektrische Zustände, die wir als Glas- und Harzelektricität (oder als + E und — E) bezeichnen.

2. Ein jeder (durch Mitteilung oder durch Reibung) elektrisierte Körper hat **entweder + E oder — E.**

3. Gleichnamig elektrische Körper stofsen sich ab, ungleichnamige ziehen sich an.

(Keine Analogie.)

5. Eine frei bewegliche elektrische Nadel (I. Bd. S. 12) hat, bei Abwesenheit eines elektrischen Körpers (oder Leiters), **keine Richtkraft.**

6. Alle Körper können elektrisch gemacht werden, wenn sie gehörig isoliert sind.

7. Bei einem isolierten Leiter ist der Sitz der Elektricität die äufsere Oberfläche; bei einem Isolator dagegen die Stelle, welche gerieben oder mit einem elektrisierten Körper berührt wurde. — Elektrisieren heifst: in einem Körper einen Überschufs oder einen Mangel an Elektricität im Vergleich zur Umgebung hervorrufen (Unitar. Hypothese) oder: in einem Körper freie + E oder — E erzeugen (Dualistische Hypothese).

8. Durch Berührung mit einem nicht isolierten Leiter kann ein elektrisierter Leiter entladen werden.

9. Durch Influenz können beliebige Mengen + E und — E erzeugt werden, ohne dafs der influierende Körper seine Ladung verliert (Elektrophor, Influenz - Elektrisiermaschine).

Sie sehen aus dieser Zusammenstellung: so grofs auch in mancher Hinsicht die Ähnlichkeit zwischen den magnetischen und den elektrostatischen Erscheinungen ist, so ergiebt sich doch in vielen anderen Stücken eine auffallende Verschiedenheit. Diese zeigt sich besonders in dem Gebundensein des Magnetismus, d. h. in der Unmöglichkeit, einen Körper durch Mitteilung, oder richtiger gesagt, auf Kosten des Magnetismus eines anderen Körpers zu magnetisieren, oder einen Magnet durch Berührung zu „entladen". Ferner ist der für gewöhnlich zu beobachtende Magnetismus auf einige wenige Körper beschränkt (Anh. 1). Die Elektricität dagegen ist — wenigstens auf Leitern — beweglich und kann durch Reiben in jedem genügend isolierten festen oder flüssigen Körper hervorgerufen werden. Sollte es da wohl möglich sein, diese so verschiedenen Erscheinungen auf eine gemeinsame Ursache zurückzuführen? Und doch ist das der Fall, wie Sie später sehen werden.

Wir haben nun diejenigen magnetischen Erscheinungen kurz wiederholt, welche zum Verständnis des später Folgenden unerläfslich sind, und wollen uns wieder den elektrischen Erscheinungen zuwenden.

⁕   ⁕   ⁕

Auf unseren ersten sechs Wanderungen lernten wir die Erscheinungen der statischen (d. h. im Gleichgewicht befindlichen, also „ruhenden") Elektricität kennen. Dieser Name ist sehr gebräuchlich, aber nichts weniger als charakteristisch, denn die sogenannte „ruhende" Elektricität konnte abgeleitet werden und — bildlich gesprochen — durch einen Draht auf einen anderen Körper oder zur Erde überströmen, also gewissermafsen sich bewegen. Wir haben auch von dieser Bewegungsfähigkeit der statischen Elektricität vielfach Gebrauch gemacht, aber immer nur das Endresultat, also wieder einen Gleichgewichtszustand beobachtet. Jetzt wollen wir aber unsere Aufmerksamkeit gerade auf den Vorgang der elektrischen Entladung in Leitern, also auf die sogenannte „strömende Elektricität" richten, die, im Gegensatz zur statischen, wohl auch *dynamische Elektricität* genannt wird.

Um die Erscheinungen der strömenden Elektricität verfolgen zu können, müssen wir eine genügend ergiebige Elektricitätsquelle zur Verfügung haben. Die von uns früher vielfach benutzte Influenz-Elektrisiermaschine kann uns vorläufig zeigen, worauf es zunächst ankommt.

Ich setze die Influenzmaschine in Gang und hänge an die auseinandergezogenen Konduktoren (A Fig. 4) Ösen, die ich in die Enden einer dicken Hanfschnur, die ein Halbleiter ist, geschlungen habe, und befestige die Schnur so an einem von der Decke herabhängenden Seidenfaden (s), dafs sie genügend stramm hängt und einen geschlossenen Stromkreis bildet, wenn die Maschine in Thätigkeit gesetzt wird.

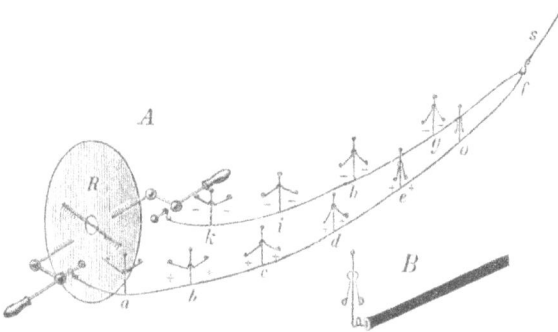

Fig. 4.
Verlauf des Elektrisierungsgrades in einem Stromleiter. $^1/_{20}$ natürl. Gröfse.
(B Probierelektroskop. $^1/_{10}$ natürl. Gröfse.)

Das an einem Ebonitstäbchen befestigte einfache Probierelektroskop (B, Fig. 4), dessen Blättchen aus Papierstreifen bestehen, die in Drahtbügeln aufgehängt sind, setze ich mit dem unteren, passend gebogenen Ende auf die Schnur, nahe am positiven Konduktor. Damit ich das Probeelektroskop der Schnur entlang führen kann, bitte ich, dafs jemand von Ihnen die Kurbel der Elektrisiermaschine langsam und gleichmäfsig weiterdreht. — Wir sehen, dafs die Blättchen (in der Stellung a, Fig. 4) sehr stark abgelenkt werden. Durch Annäherung des Probierelektroskops an ein auf dem anderen Ende des Tisches befindliches, mit Glas-Elektricität geladenes Elektroskop erkennen wir, dafs die Schnur an der berührten Stelle freie positive Elektricität aufweist, was vorauszusetzen war.

Nun rücke ich allmählich das Probierelektroskop der Schnur entlang, wobei ich dazwischen die Art der Ladung prüfe — — Sie sehen: Die Ladung ist noch immer positiv, nimmt aber stetig ab bis zum Punkte o (Fig. 4), wo die Blättchen ganz zusammenfallen, also das Elektroskop die Ladung 0 hat. Bei weiterem Verschieben heben sich die Blättchen wieder, aber die Ladung ist negativ und wächst stetig, je näher das Elektroskop dem negativen Konduktor kommt (f—i, Fig. 4). Wir schliefsen hieraus: *Der Elektrisierungsgrad oder die Potentialdifferenz*[3]) *mit dem Null-Niveau der Erde nimmt* (der absoluten Gröfse nach) *in der Strombahn von beiden Polen an stetig ab, bis zum Punkte o.* In o selbst ist der Elektrisierungsgrad $= 0$. Interessant ist nun die Frage: Was geschieht im (oder am?) Leiter, während ihn die Elektricität durchströmt, wie wir bildlich sagen? Was strömt? oder: strömt überhaupt etwas? Nach der dualistischen Hypothese werden beide elektrischen „Fluida" an den Polen der Maschine erzeugt und fliefsen sich im Leiter entgegen. Dann müssten sich doch beide entgegengesetzten Elektricitäten beim Zusammentreffen (im Punkte o etwa) neutralisieren! Wie erklärt sich aber dann die stetige Abnahme des Elektrisierungsgrades des Leiters bis zum Punkte o? Oder sollen beide Elektricitäten an einander vorbeifliefsen und sich unterwegs allmählich neutralisieren? Das widerspricht nun völlig unseren bisherigen Beobachtungen. Sie werden zugeben, dass die dualistische Hypothese die inneren Vorgänge bei der sogenannten „strömenden Elektricität" nicht zu erklären vermag. Die Macht der Gewohnheit hat aber die ihr entlehnten Ausdrücke: „strömende oder fliessende Elektricität" (oder kurz: elektrischer Strom) sowie „+ E und — E" u. s. w. geheiligt, sodafs wir — in Ermangelung eines zutreffenderen Bildes — diese Bezeichnungen beibehalten, wie wir auch noch immer von einem Auf- und Untergang der Sonne sprechen, wiewohl

---

[3]) Die elektrische Potentialdifferenz zweier Körper *messen* wir durch die mechanische Arbeit, welche erforderlich ist, um die positive Einheit der elektrostatischen Elektricitätsmenge von dem niederen elektrischen Niveau auf das höhere zu befördern. Der Arbeitswert der elektrischen Potentialdifferenz eines Körpers mit der Erde ist also ein mechanisches Mafs für seinen Elektrisierungsgrad (vergl. I. Bd. S. 134).

wir schon durch Kopernicus eines besseren belehrt worden sind.

Wie gestaltet sich nun die Sache nach der unitarischen
Hypothese? Erlauben Sie mir, Ihnen zuvor an einem Beispiel
aus der Hydromechanik die Vorgänge klar zu machen, welche
eine Analogie zu den elektrodynamischen bilden, deren Untersuchung uns jetzt beschäftigt.

Stellen wir uns einen horizontalen ringförmigen Kanal vor
(A, Fig. 5), der bis zur Hälfte seiner Wandhöhe mit Wasser
gefüllt ist. An einer Stelle (M) sei in einem Damme ein weites
Rohr vom Querschnitt des Kanals eingesetzt, in dessen Mitte ein

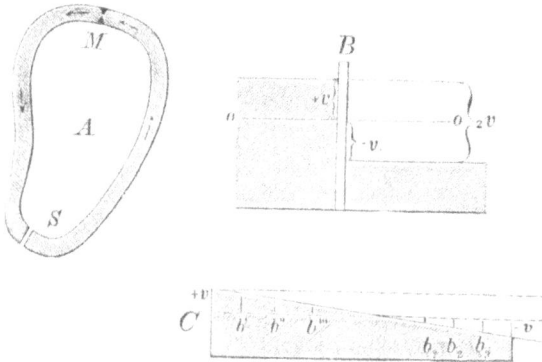

Fig. 5.
Hydrodynamische Erscheinungen.

Flügelrad (Schiffsschraube) sich befindet und durch eine Maschine
in Bewegung gesetzt werden kann. An einer anderen Stelle (S)
befinde sich eine Schleuse, welche vorläufig geschlossen sein mag.

Was wird geschehen, wenn wir das Flügelrad in Bewegung
setzen? Offenbar wird das Flügelrad das Wasser im Kanal
vorwärts treiben (z. B. in der Richtung des Pfeiles links bei M).
Dadurch fließt das Wasser in die linke Hälfte des Kanals und
wird sich dort aufstauen, während auf der anderen Seite der
Wasserspiegel fallen muß. An der Schleuse wird sich eine
Niveaudifferenz bilden (B, Fig. 5), deren Größe von der
das Wasser treibenden Kraft, der „aquamotorischen Kraft"
der Maschine abhängt. Diese Niveaudifferenz wird so
lange zunehmen, bis der Gegendruck des Wassers auf
das Flügelrad der „aquamotorischen Kraft" der Ma-

schine das Gleichgewicht hält; von da ab dient die weitere Arbeit der Maschine nur zur Erhaltung der Niveaudifferenz.
Die Niveaudifferenz an der geschlossenen Schleuse kann also
als Maßstab für die aquamotorische Kraft der Maschine dienen.
Da wir nun die nach dem mechanischen Arbeitswert gemessene Niveaudifferenz als Potentialdifferenz bezeichnen, so
können wir sagen: *Die Potentialdifferenz an den Endpunkten des
Kanals ist ein Maß für die aquamotorische Kraft.* — Ist nun (nach
mechanischem Maß) die Niveauerhöhung auf der einen Seite
der Schleuse $= + v$ (vergl. B, Fig. 5), auf der anderen die
Niveauerniedrigung $= - v$, so ist die gesamte Niveau- oder
Potentialdifferenz $= + v - (- v) = 2 v$, was schon aus der
Fig. 5, B ohne weiteres ersichtlich ist.

Denken wir uns jetzt, während die Maschine gleichförmig
weiterarbeitet, die Schleuse aufgezogen, sodaß der Kanal
einen in sich geschlossenen Stromkreis bildet! Die Niveaudifferenz wird sich auszugleichen streben, da aber die treibende Wirkung der Maschine anhält, wird zu beiden Seiten
des Wasserrades eine Niveaudifferenz bestehen bleiben, die
von dem Widerstande im Stromkreise abhängt und im allgemeinen weit kleiner ist als die vorhin. In dem Kanal
muß sich bald ein Gleichgewichtszustand herstellen, indem an
jeder Stelle ebensoviel Wasser zufließt, als abfließt. Bei einem
gleichbleibenden Querschnitt des Kanals wird die Niveau-
abnahme oder das Stromgefälle ein gleichmässiges sein
müssen. [C, Fig. 5, zeigt einen senkrechten Querschnitt durch
die Achse des Kanals; o—o ist das ursprüngliche Niveau des
Wassers in der Ruhelage (Nullniveau).]

Hieraus ergeben sich nun zwei Folgerungen:

1. Denken wir uns in dem vom ringförmigen Kanal um-
schlossenen Raume einen Teich gegraben, dessen Wasserspiegel
mit dem ursprünglichen Niveau des Kanals in gleicher Höhe
sich befindet, und vergleichen wir die Wasserhöhe oder den
Füllungsgrad des Kanals mit dem des Teiches, so ergiebt
sich: Der Füllungsgrad des Kanals ist in der linken Hälfte
grösser, in der rechten kleiner als der des Teiches. Die Niveaudifferenz beider nimmt (wenn wir links vom Flügelrade
beginnen) stetig ab, wird an einem Punkte $= 0$ und geht in
eine stetig zunehmende negative Differenz über. Ver-

glichen mit dem Nullniveau haben wir — bildlich gesprochen
— in der linken Kanalhälfte Plus-Wasser, in der rechten Minus-
Wasser, oder einen positiven und einen negativen Füllungsgrad.

2. Zwischen je zwei gleichweit von einander entfernten
Punkten der gleichförmigen Strombahn (b_1 b_2 oder b' b'' ...
bei C, Fig. 5) herrscht ein gleiches Stromgefälle oder eine
gleiche Füllungsgrad-Differenz, d. h. das Stromgefälle
ist konstant. *Ein beliebiger Punkt des Stromkreises hat, mit strom-
aufwärts gelegenen Punkten verglichen, ein tieferes Niveau, also einen
negativen Füllungsgrad*; dagegen einen *positiven* im Vergleich zu
stromabwärts gelegenen Punkten.

*   *   *

Kehren wir nun zu den elektrischen Erscheinungen zurück. Die Analogie zu der ersten Folgerung aus den hydrodynamischen Gesetzen haben wir bereits (Fig. 4) kennen gelernt, indem der Elektrisierungsgrad (oder das elektrische Potential) im Stromleiter stetig abnahm, gleich Null
wurde und schließlich einen wachsenden negativen Wert
annahm.

Jetzt wollen wir noch das Stromgefälle zwischen zwei
Punkten des Stromkreises untersuchen.

Das Papier-Elektrometer (E, Fig. 6), dessen Gehäuse aus
Blech besteht, stelle ich auf einen Paraffinblock. [Bei allen
Versuchen mit dem Elektrometer wird ein stark vergrößertes
Bild der Aichungsskala und des Blättchens auf einem
weißen Schirm entworfen. Vergl. I. Teil Fig. 15]. Auf dem
Ebonitstabe (1) sind zwei verschiebbare Messingklemmen angebracht, an welche zwei starke Neusilberdrähte (m_1 m_2) mit
hakenförmig gebogenen Enden gelötet sind. An diese befestige ich zwei sehr feine, blanke Kupferdrähte (d_1 d_2)
und führe sie über kleine Haken, die durch Seidenfaden an
Holzleisten befestigt sind, welche an Schnüren hängen. Das
Ende des einen Drahtes (m_1) befestige ich an der Klemmschraube des Blechgehäuses, das des anderen an dem Lei-
tungsstabe des Elektrometers.

Nun bitte ich jemand von Ihnen, wieder die Influenz-

maschine langsam und gleichmäfsig zu drehen, und lege
die Drahtgabel auf die Hanfschnur, wie Fig. 6 zeigt — als-
bald sehen Sie einen Ausschlag am Elektrometer, der
fast völlig unverändert bleibt, wenn ich die Drahtgabel
hin- und herschiebe oder entlang der ganzen Schnur
führe! Das mit dem stromabwärts gelegenen Neusilberdraht (m_2) verbundene Elektrometer zeigt dabei, wie die Probe
erweist, beständig — E.

Nun drehe ich den Ebonitstab so, dafs m_2 an seiner Stelle
bleibt, aber m_1 stromabwärts zu liegen kommt — das Elektrometer zeigt ungefähr denselben Ausschlag, jedoch $+ E$. Auch

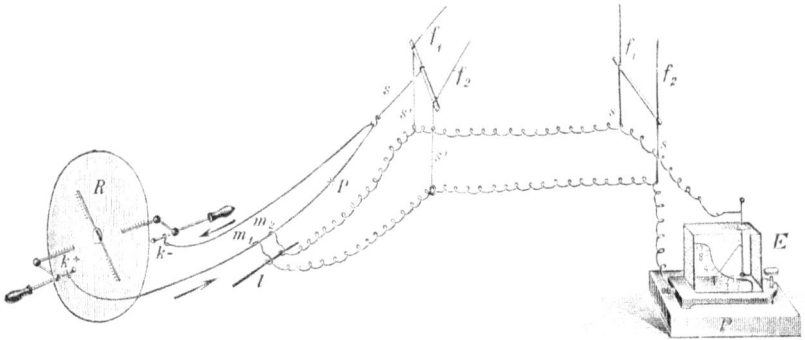

Fig. 6.
Elektrisches Stromgefälle im Stromkreise. $^1/_{20}$ natürl. Gröfse.

jetzt bleibt der Ausschlag fast unverändert, wenn wir die Drahtgabel der Schnur entlang fortrücken. Berücksichtigen wir
hierbei, dafs die Influenzmaschine wahrscheinlich nicht vollkommen gleichmäfsig wirkt, und dafs die Schnur stellenweise
vielleicht dünner ist oder fester gedreht sein kann, so werden wir
annehmen dürfen, dafs bei einer völlig konstanten Elektricitätsquelle in einem gleichförmigen Stromleiter
das Stromgefälle im ganzen Stromkreise konstant ist.

Beziehung
zwischen Strom-
gefälle und
Länge des
Leiters.

Wir wollen den Versuch mit einer kleinen Abänderung
wiederholen. Die Schnur ist 210 cm lang. In einer Entfernung von 70 cm vom positiven Konduktor, d. h. in $^1/_3$ der
Schnurlänge, ist mit einer roten Bleifeder ein Punkt markiert
(P, Fig. 6). Hier setze ich eine Klemmschraube an, die durch

einen Draht mit der Erdleitung verbunden ist. Dieser Punkt
(P) des Stromkreises muſs also, wenn die Maschine in Thätigkeit gesetzt wird, den Elektrisierungsgrad der Erde, also das
Potential $= 0$ annehmen. Sie sehen — das Hülfselektroskop
zeigt hier in der That keinen Ausschlag. Dagegen weist es
von P bis $+$ K stets $+$ E, von P bis $-$ K immer $-$ E auf. —
Ich lege die Drahtgabel an die Schnur — die Erscheinung ist
dieselbe wie vorhin, auch wenn der mit dem Elektrometer verbundene Draht m_2 auf den Punkt P zu liegen kommt. Nun
tritt aber eine auffallende Erscheinung auf: In jedem der beiden ungleichen Teile der Schnur (d. h. zwischen $+$ K und P,
sowie zwischen P und $-$ K) zeigt das Elektrometer einen
(nahezu) unveränderlichen Ausschlag, aber im kleineren Schnur-
teile beträgt er 3,4 und im grösseren 1,8 Skalenteile, d. h.: In
dem kürzeren Stromleiter ist das Stromgefälle fast doppelt so
groſs als in dem längeren Leiter. Nun ist letzterer zwei Mal
länger als ersterer; wir sehen hieraus: Bei gleichartigen,
aber ungleich langen Stromleitern ist die Niveaudifferenz zwischen je zwei gleichweit entfernten Punkten
umgekehrt proportional zu der Länge der Stromleiter.

Die Kraft, durch welche hier die Elektricität der Maschine
erzeugt wird, ist, wie wir schon (I. Bd. S. 96) wissen, die Muskel-
kraft Ihres Kameraden, der so freundlich war, die Maschine
zu drehen. Als eine die Elektricität durch den Stromleiter
treibende Kraft, können wir sie die *elektromotorische Kraft* nennen, wie wir vorhin die Kraft, welche das Wasser in Bewegung
setzte, als die aquamotorische Kraft bezeichneten. Wir
hatten in der Niveaudifferenz, welche bei geschlossener
Schleuse, also bei unterbrochenem Strom auftrat, einen
Maſsstab für die aquamotorische Kraft gefunden. In gleicher
Weise wollen wir die elektrische Niveaudifferenz (oder
Potentialdifferenz) an den nicht verbundenen Polen
der Elektricitätsquelle als Maſs der elektromotorischen Kraft betrachten.

Um die elektromotorische Kraft der Influenzmaschine zu
bestimmen, müſsten wir also die Potentialdifferenz an den freien
Polen messen (während der Apparat gleichmäſsig wirkt). Leider reichen hierzu die uns zu Gebote stehenden Hülfsmittel
nicht aus. Die Skala unseres Elektrometers reicht nur bis

Elektro-
motorische
Kraft.

10 Volt[3]) bei Anwendung des Normalkondensators, oder (da
die Verstärkungszahl des Kondensators etwa = 200 ist) bis
2000 Volt ohne den Kondensator. Hier handelt es sich aber,
je nach der Funkenstrecke, um elektrische Poldifferenzen von
4—50000 Volt. — Wir wollen daher zu unseren weiteren Versuchen andere Elektricitätsquellen aufsuchen, zuvor aber einen
Blick rückwärts werfen.

Bei der statischen oder Reibungs-Elektricität hatten wir
gefunden:

Ein elektrisierter isolierter Leiter hat auf seiner
ganzen Oberfläche und in seinem Inneren (auch im
Hohlraume) denselben Elektrisierungsgrad, d. h. *ein
konstantes Potential*. Hier dagegen beobachteten wir in dem
Stromleiter ein Potentialgefälle, das wir, der Anschaulich-
keit wegen, als elektrisches Stromgefälle bezeichnet
haben, obgleich wir gar nicht wissen, was sich im Leitungsdraht bewegt. — Worin besteht nun der Unterschied
zwischen statischer (ruhender) und dynamischer (strömender)
Elektricität?

Ich habe zur Einführung in die dynamische Elektricität
absichtlich eine Elektricitätsquelle gewählt, welche wir schon
früher zur Erzeugung der statischen Elektricität benutzten.
Sie werden daher ohne weiteres zugeben, daſs in beiden
Fällen dieselbe Elektricität wirksam war! Wenn nun
im folgenden neue Elektricitätsquellen, welcher Art sie auch
sein mögen, im wesentlichen dieselben Erscheinungen zeigen,
so müssen wir annehmen, daſs es — bildlich gesprochen —
sowohl in der statischen, als auch in der dynamischen Elektricität nur eine einzige Sorte von Elektricität giebt. Die
Verschiedenheit der elektrostatischen und der elektrodynamischen Erscheinungen beruht also lediglich auf
der verschiedenen Wirkung, welche *dieselbe Elektricität*
ausübt, wenn sie sich im Zustande der Ruhe oder in
dem der Bewegung befindet. Hierbei ist es völlig gleichgültig, wodurch die Elektricität in dem betreffenden Leiter in
Bewegung gesetzt (zum „Strömen" gebracht) wird.

---

[3]) Das Volt ist die praktische Einheit der Potentialdifferenz und damit der praktische Arbeitswert des Elektrisierungsgrades. Es ist 1 Volt
= $^1/_{300}$ elektrostat. Potential-Einheiten (vergl. I. Bd. S. 135).

Führe ich z. B. den elektrisierten Flintglasstab über einem unelektrischen Elektroskop hin und her (I. Bd. S. 39), so wird — während der Glasstab der Kugel des Elektroskops genähert wird — durch Influenz die entgegengesetzte Elektricität in die Kugel herangezogen, die gleichnamige Elektricität in das untere Ende des Leitungsstabes und in die Blättchen abgestofsen. In dem Mafse, wie der influierende Körper sich entfernt, strömt von beiden Enden des Leitungsstabes die Elektricität wieder zurück. Wir haben also in diesem Falle in jeder Hälfte des Elektroskopenstabes hin- und hergehende elektrische Ströme. Ebenso wird, wenn wir einen elektrisierten isolierten Leiter ableitend berühren, die Elektricität von allen Oberflächenteilen zu dem Berührungspunkt hinströmen und abfliefsen. Das Umgekehrte findet beim Laden des Leiters statt. Wir können also sagen: *Ein elektrischer Strom tritt immer ein, wenn in einem Leiter der elektrische Zustand (das Potential) an irgend einer Stelle geändert wird!*

* * *

Wir haben vorhin (beim Versuch Fig. 6) angenommen, dafs eine Elektricität im Stromleiter „fliefst", und nannten den Vorgang, durch welchen ein elektrisch höheres Niveau mit einem niedrigeren sich auszugleichen strebt, den elektrischen Strom. Nach dieser, der unitarischen Hypothese entnommenen Annahme liefsen sich die beobachteten Erscheinungen recht wohl erklären. Wir wollen aber, der Bequemlichkeit halber, den Ausdruck — E beibehalten, aber unter „Stromrichtung" die Richtung verstehen, in welcher die + E durch den Leiter fliefst. Dafs wir hierbei, wie allgemein üblich, mit Franklin die *Glaselektricität als + E annehmen*, ist rein willkürlich und es ist sehr möglich, ja nach den neuesten Untersuchungen sogar wahrscheinlich, dafs es sich umgekehrt verhält.

Nun wollen wir noch den Einflufs kennen lernen, welchen die Dicke der Schnur auf das Stromgefälle hat. Zu diesem Zweck habe ich hier (Fig. 7) drei Hanfschnüre an den Enden mit Stanniol bewickelt und mit starken Kupferdrähten zusammengeschnürt, deren freie Enden Haken bilden, die ich an die Pole der Maschine legen kann. Alle 3 Schnüre sind gleich

lang. Die erste (A) besteht aus einer Hanfschnur, die zweite
(B) aus 2 und die dritte aus 3 Schnüren von demselben Stück,
also möglichst gleicher Beschaffenheit. Ich befestige die
Schnüre nach einander (s. Fig. 6) und bestimme für jede derselben die elektrische Niveaudifferenz an den Berührungspunkten
der Drahtgabel, deren Zinkenabstand natürlich unverändert
bleibt. Während nun die Maschine möglichst gleichförmig ge-

Fig. 7.
Stromleiter von verschiedenem Querschnitt.

dreht wird, erhalten wir folgende Ausschläge am Elektrometer:
bei A 8,5; bei B 5,5; bei C 2,7. Wir sehen hieraus: Die elektrische Niveaudifferenz zwischen je zwei gleichweit
entfernten Punkten der Strombahn nimmt ab, wenn
der Querschnitt des Stromleiters vergröfsert wird.

Hier stelle ich ein geladenes Papierelektroskop (Fig. 8)
vor Sie hin, fasse die abgenommene einfache Schnur (A) an

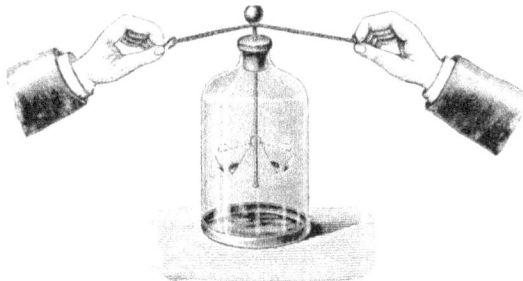

Fig. 8.
Leitungsfähigkeit von Schnüren verschiedener Dicke. $^1/_7$ natürl. Gröfse.

den Drahthaken und lege die Mitte der Schnur an den Lei-
tungsstab des Elektroskops. — Sie sehen, wie die Blättchen
langsam zusammenfallen. Ich wiederhole den Versuch mit
der doppelten Schnur B, die Blättchen fallen merklich rascher
zusammen; noch rascher ist das bei der dreifachen Schnur C
der Fall, also leitet die dreifache Schnur die Elektricität besser
als die doppelte, und diese besser als die einfache.

Jetzt können wir die obige Beobachtung genauer ausdrücken:

*Für eine bestimmte Strecke der Strombahn ist die elektrische
Niveaudifferenz der Endpunkte um so kleiner, je größer die Leitungsfähigkeit des Stromleiters ist.* [Hierbei dürfen wir ja nicht an eine
Analogie mit dem Falle denken, wo in einem Wasserkanal
durch Bodensenkung eine von der aquamotorischen Kraft
unabhängige Niveau- (also auch Potential-) Differenz eintritt,
sondern nur mit dem Fall, wo der horizontale Kanal sich
verbreitert.]

Interessant sind einige Folgerungen, die sich an unsere
Beobachtung knüpfen. Was wird geschehen, wenn wir einen
guten Leiter, z. B. einen Kupferdraht statt der Schnur verwenden? Offenbar muß die elektrische Niveaudifferenz an unserer
Gabel unmerklich klein werden. Der Versuch bestätigt das
vollkommen. Sie sehen jetzt, warum ich eine Schnur benutzte.
— Verbinde ich dagegen die Pole der Maschine durch einen
Nichtleiter (Isolator), so tritt die ganze elektromotorische
Kraft als Niveaudifferenz an den Polen auf, und der Isolator wirkt hier, wie die herabgelassene Schleuse beim Wasserkanal!

Damit wollen wir für heute schließen.

II. Vortrag.

Eine Tagereise liegt hinter uns. Werfen wir einen Blick
rückwärts, um die wichtigsten Punkte nochmals ins Auge zu
fassen und sie unserem Gedächtnis besser einzuprägen.

Rückblick.　1. Die magnetischen und die elektrostatischen Gesetze der
Anziehung und der Abstofsung, sowie die Influenz zeigen
eine auffallende Übereinstimmung, doch ergeben sich
auch grofse Verschiedenheiten: So zeigt ein Magnet
stets beide entgegengesetzte Pole, auch bildet jedes
Stück eines zerbrochenen Magnets wieder einen voll-
ständigen Magnet mit beiden Polen. Ferner erweisen
sich nur gewisse Stoffe (Eisen und seine Erze, Nickel
u. e. a.) deutlich magnetisierbar, während alle genügend
isolierten festen Körper elektrisierbar sind.

2. Zwischen einem von Elektricität durchströmten Leiter
und der Wasserströmung in einem Kanal besteht eine
unverkennbare Analogie, die auch dann bestehen bleibt,
wenn die Stromleitung unterbrochen (beim Kanal die
Schleuse geschlossen) ist. Bei der Elektrisiermaschine
tritt in diesem Falle an den Enden der Poldrähte eine
elektrische Niveaudifferenz auf, welche von der elektromotorischen Kraft des Apparates abhängt und
als Mafsstab für sie benutzt werden kann.

3. Wird an zwei Punkten A und B eine elektrische Niveaudifferenz erzeugt (und erhalten), so zeigt, bei leitender
Verbindung von A und B, die Elektricität das Bestreben,
die Niveaudifferenz auszugleichen. Den Vorgang, durch

welchen das geschieht, nennen wir den elektrischen Strom. — In dem Leiter, welcher beide Pole
des Apparates verbindet, ist der Elektrisierungsgrad (die
elektrische Differenz mit dem Null-Niveau der Erde)
verschieden. Am positiven Pol ist er am stärksten + E,
nimmt immer mehr ab, erreicht an einer Stelle den
Wert Null und wird nach dem negativen Pole zu immer
stärker — E. In dem Stromleiter haben wir demnach
ein elektrisches Gefälle (Stromgefälle). — Ist der Stromleiter gleichförmig, so ist das Stromgefälle konstant, d. h. die Niveaudifferenzen für gleichweit abstehende Punkte des Leiters sind einander gleich. Für
zwei in einem bestimmten Abstand befindliche Punkte
der Strombahn ist die elektrische Niveaudifferenz um
so gröfser, je geringer die Leitungsfähigkeit des betreffenden Leiterstückes ist.

*   *   *

Jetzt sollen Sie eine neue Elektricitätsquelle kennen lernen,
welche auf den ersten Blick unscheinbar und wenig ergiebig
zu sein scheint, in Wirklichkeit aber gröfsere Elektricitätsmengen zu liefern vermag als die beste Influenzmaschine, und
in der Technik eine wichtige Verwendung gefunden hat.

Auf das Aluminium-Elektrometer (Fig. 9) schraube ich eine
Zinkplatte und lege auf diese zwei sehr dünne Glimmerscheiben (g), welche die Platte allseitig überragen. Darauf
lege ich ein Stück Filtrierpapier (f), auf welches ich einige
Tropfen verdünnter Schwefelsäure träufle.

Nun nehme ich einen biegsamen Zinkdraht (d), welcher
mit zwei isolierenden Griffen (i) aus Siegellack versehen ist,
und berühre die Zinkplatte (Zn) und das feuchte Filtrierpapier
(f). Nach Entfernung des Zinkdrahtes und dem Abheben
der oberen Glimmerscheibe zeigt das Elektrometer eine
schwache Ladung — E (in Fig. 9 ist die Stellung des Blättchens punktiert angegeben), während das feuchte Filtrierpapier + E aufweist[4]). — Wiederholen wir den Versuch mit

---

[4]) Hier und im folgenden ist, bei allen Versuchen am Elektrometer,
das Blechgehäuse desselben (durch den Draht L in Fig. 9) mit der Erd-

einer **Kupferplatte** und **Kupferdraht**, so erhalten wir am Elektrometer ebenfalls — E, aber **eine merklich schwächere Ladung**, dagegen würde Platin + E zeigen. Je nachdem wir statt der verdünnten Schwefelsäure: reines Wasser oder Lösungen von Salzen nehmen, ist die Wirkung bei den einzelnen Metallen etwas verschieden, sowohl was die Gröfse als was das Vorzeichen der Ladung anlangt — aber **immer wird das *Zink* von allen Metallen durch Berührung mit geeigneten Flüssigkeiten am stärksten *negativ elektrisch!'***

Was wird nun geschehen, wenn **zwei verschiedene Metalle** in Berührung mit **derselben Flüssigkeit** stehen?

Hier lege ich Ihnen zur Ansicht einige Stäbchen aus verschiedenem Metall, sowie einige aus harter Retortenkohle vor,

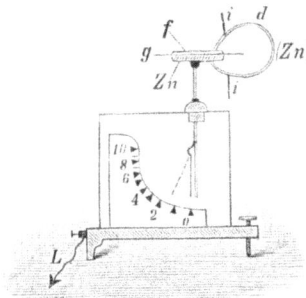

Fig. 9.
Nachweis der Elektrisierung von Metallen bei Berührung mit Flüssigkeiten,
nach **Buff**. ¹/₁₀ natürl. Gröfse.

welche an dem Ende mit angelöteten biegsamen Kupferdrähten versehen sind. Diese Drähte sind **bei den Zinkstäbchen mit grüner, bei den übrigen mit roter Seide** umsponnen. Auf jedes Stäbchen sind zwei schmale Gummiringe (Stücke eines dünnen Gummischlauches) geschoben, sodafs je 2 Stäbchen aneinander gelegt werden können, **ohne sich zu berühren.**

Volta'sches Element. Nun tauche ich ein Zink/Kupfer-Paar in ein dickwandiges Reagenzgläschen (Fig. 10), welches zur Hälfte mit verdünnter Schwefelsäure gefüllt ist, setze das Gläschen in ein passendes

---

leitung verbunden (vergl. Bd. I S. 44). Auch wird durch Projektion ein stark vergröfsertes Bild der Skala und des Blättchens auf einem weifsen Schirm erzeugt (I. Bd. Fig. 15).

Loch eines Holzklötzchens und — ein sogenannter „Volta-
scher Becher" oder ein „Volta'sches Element" ist fertig!

An den Enden der Leitungsdrähte ($d_1 d_2$) sind steife Neusilberdrähte angelötet, welche zuerst zu einer Art Öse (o)
gebogen und am Ende zugespitzt wurden. Stecke ich nun die
Spitze eines Neusilberdrahtes in die Öse eines anderen Elements,
so sind die betreffenden Metallstäbe in sicherer leitender Verbindung (Kontakt). Das ist, wie Sie bald sehen werden, hier
von der grössten Bedeutung. — Zunächst stecke ich in die Öse

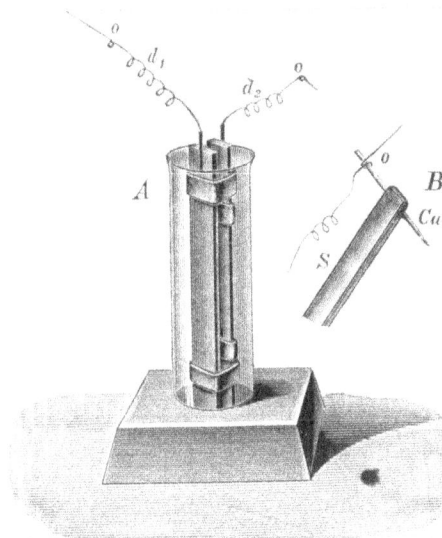

Fig. 10.
A Kleines Volta'sches Element. $^1/_2$ natürl. Gröfse.
B Verbindung des Leitungsdrahtes mit einem isolierten Draht.

der Pohldrähte des Elements je einen Drahtstift, der an beiden
Enden etwas zugespitzt und in der Mitte mit einem Stück
Siegellack versehen ist (B, Fig. 10). Indem ich nun diesen
isolierenden Griff (S) fasse, kann ich den Stift an den Ableitungsdraht des Elektrometers halten, ohne den Leitungsdraht
des Elements zu berühren.

Diese Vorsicht werde ich bei allen Versuchen am Elektrometer beobachten, auch wenn ich nicht dessen erwähne.

Nun wollen wir sehen, ob unser „Element" wirkt. Ich

bringe die Leitungsdrähte mit der Kugel des Aluminium-
Elektrometers abwechselnd in Berührung — es erfolgt keine
merkliche Wirkung. Entweder wurde überhaupt keine Elektricität erzeugt oder — das Elektrometer ist zu unempfindlich. Wir müssen es also mit dem Kondensator versuchen
(I. Bd. S. 66).

Ich ersetze die Kugel des Elektrometers durch eine Kondensatorplatte. Nun berühre ich den Leitungsdraht des Elektro-
trometers mit dem Poldraht des Kupferstabes, während ich die
obere Platte ableitend berühre (A, Fig. 11). Nach dem Abheben
der oberen Platte zeigt das Elektrometer einen kleinen Ausschlag
(etwa 0,9 Skalenteile). Die Probe ergiebt, dafs der Lei-

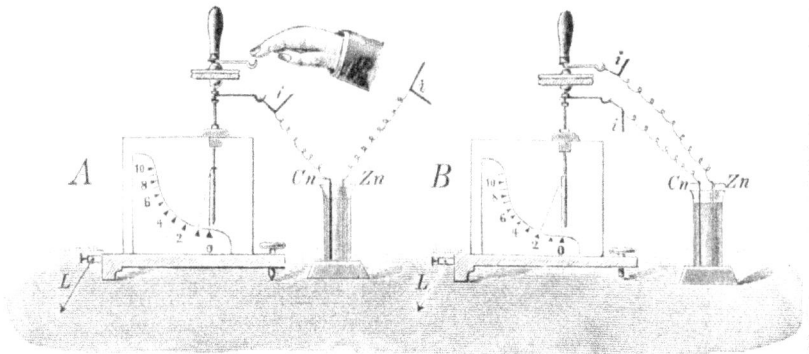

Fig. 11.
Nachweis der Elektricität an den Polen eines Volta'schen Elements. ¹/₁₀ natürl. Gröfse.

tungsdraht des Kupfers das Elektrometer mit + E geladen hat. (Hierbei ragte der Draht des Zinkstabes frei in die
Luft, war also isoliert.) — Vertauschen wir bei einem Kontrollversuch die Poldrähte, wobei ich natürlich den Ableitungsdraht
des Elektrometers mit dem Poldraht des Zinkstabes berühre,
so zeigt das Elektrometer — E.

Beim vorigen Experiment (Fig. 9) erhielten wir von einem
einzelnen Zink- oder Kupferstäbchen bei Berührung mit der
Flüssigkeit — E, hier aber beim Kupferstabe + E! Wie wir
schon sahen, erhält die Flüssigkeit die entgegengesetzte
Ladung. (Beim Zink, Fig. 9, etwa + 1,1 und beim Kupfer
+ 0,3 ca.) Wir können nur annehmen, dafs der Überschufs

(1,1 — 0,3 = 0,8) auf irgend eine Weise durch die Flüssigkeit
zum Kupferstäbchen übergeführt wird, wodurch dieses die
Differenz-Ladung + E = 0,8 annimmt, während das Zink die
entsprechende Ladung — E = 0,8 erhält. Dafs wir einen etwas
abweichenden Wert (0,9) beobachteten, kann auf unvermeidlichen Messungsfehlern beruhen.

Ich wiederhole den Versuch, leite aber den nicht mit
dem Elektrometer verbundenen Leitungsdraht des Elements
zur Erde ab, indem ich ihn an der Erdleitung befestige oder
— was bequemer ist — ich berühre damit gleichzeitig den
Ableitungsdraht der oberen Platte (B, Fig. 11). Nach Entfernung der Drähte und dem Abheben der oberen Platte
zeigt das Elektrometer einen doppelt so grofsen Ausschlag (1,7). Das wird Sie nicht befremden, wenn Sie be-
denken, dafs das elektrische Niveau des Kupferpoles (+ e)
über, das des Zinkpoles (— e) um denselben Betrag unter
dem Nullniveau (der Erde) liegt und wir im zweiten Falle
die ganze Niveaudifferenz Kupfer/Zink (+ e — (— e) = 2e)
messen, während wir vorher, beim isolierten anderen Pol, nur
die Niveaudifferenz Kupfer/Erde oder Erde/Zink beobachteten.

Wir sehen hieraus, dafs bei gleichzeitigem Eintauchen zweier verschiedener Metalle (in eine geeignete Flüssigkeit) an den herausragenden Metallteilen
eine elektrische Niveaudifferenz hervorgerufen und
erhalten wird, wobei das eine Metall (hier Kupfer) + E,
das andere (Zink) — E zeigt. Ein solches „Element" ist mithin
eine selbstthätige Elektrisiermaschine im kleinen. Die aus der
Flüssigkeit hervorragenden, ungleichnamig elektrischen Metallstäbe bilden die Pole, daher nennen wir die daran befestigten
Leitungsdrähte kurz die Poldrähte.

Die elektrische Niveaudifferenz oder „Poldifferenz" ist bei Poldifferenz.
einem solchen Element aufserordentlich klein, dafür genügt
aber eine momentane Berührung der Poldrähte mit
den Platten eines grofsen Kondensators, um sie auf
dieselbe Niveaudifferenz zu bringen, welche die Pole
haben. Wenn Sie sich jetzt dessen erinnern, wie langsam
das Laden eines Kondensators mit Hülfe eines Glasstabes oder
auch der Elektrisiermaschine geschah (I. Bd. S. 82 u. 89), so
wird Ihnen einleuchten, dafs wir es hier mit einer Elek-

tricitätsquelle von geringem Elektrisierungsgrade,
aber, im Vergleich zu den elektrostatischen Elektricitätsquellen, bedeutenden Elektricitätsmenge zu thun
haben, wie Ihnen später klar werden wird. — Bildlich gesprochen, gleicht der durch die Influenzmaschine erzeugte
elektrische Strom vielen, dicht hintereinander folgenden Wassertropfen, die beim Stauen mit grofser Gewalt, also bedeutender
Geschwindigkeit (wie durch eine Spritze) fortgeschleudert
werden, während bei unseren Elementen der elektrische
Strom in einem die Pole verbindenden Draht einer grofsen
Wassermenge entspricht, welche mit fast unmerklichem Gefälle
dahingleitet. Der Strahl einer starken Dampfspritze ist imstande, eine Ziegelmauer zu zerbröckeln, würde aber — des
auf eine verhältnismäfsig kleine Fläche wirkenden Druckes
wegen — nicht geeignet sein, ein Mühlrad treiben. — Wir
werden demnach erwarten dürfen, dafs unsere „Elemente"
unter Umständen viel gröfsere dynamische Wirkungen zeigen
werden als die Influenzmaschine; dafs dieses thatsächlich der
Fall ist, werden Sie bald sehen.

Wir haben das vorige Mal erkannt, dafs die elektrische
Niveaudifferenz (Poldifferenz) an den freien Polen einer Elektricitätsquelle einen Mafsstab abgiebt für die Gröfse der
elektromotorischen Kraft des Apparates. Nun haben wir
— mit Hülfe desselben Kondensators, der zur Herstellung der
Aichungsskala benutzt wurde — für unser Volta'sches Elementchen Kupfer/Zink eine Poldifferenz von 1,7 Skalengrad gefunden. Nachdem einige Minuten verflossen, wiederhole ich
den Versuch und erhalte nur 1,3. Nun verbinde ich in der
oben (B, Fig. 10) angegebenen Weise die Poldrähte miteinander, sodafs ein geschlossener Stromkreis (Kupfer —
Draht — Zink — verdünnte Schwefelsäure — Kupfer) entsteht,
und messe nach einigen Minuten — der Ausschlag beträgt
kaum 0,5. Schliefse ich nochmals die Stromleitung (auf etwa
10 Min.), so ist die Poldifferenz nur noch 0,3; d. h. die elektromotorische Kraft unseres Volta'schen Elements hat sehr rasch
abgenommen, die Wirkung des Elements ist nicht konstant. Wie entsteht der elektrische Strom überhaupt und
warum nimmt seine Wirkung ab? Um diese Frage zu entscheiden, müssen wir versuchen, den inneren Vorgang im Ele-

ment zu erkennen oder wenigstens untersuchen, ob und welche Veränderungen mit den eintauchenden Teilen der beiden Metalle vor sich gehen!

Ein flaches Glasgefäfs (G, Fig. 12), das aus einem Gummischlauch (g) und zwei Spiegelglasplatten besteht, die durch zwei Gummiringe (r) zusammengehalten werden, kann durch eine Pipette mit verdünnter Schwefelsäure gefüllt werden. Zwei verlötete Stücke aus Kupfer- und Zinkdraht putze ich mit Schmirgelpapier blank, biege sie in der Mitte zusammen, dafs die Schenkel parallel stehen und stecke diese durch einen passenden Kork, den ich auf den Rand des Gefäfses setze (Cu, Zn, Fig. 12). Die ganze Vorrichtung bringe ich statt des Elektrometers auf ein Projektionstischchen (T, Fig. 13 a. d. f. S.). Sobald

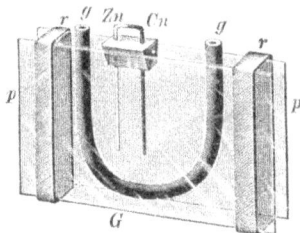

Fig. 12.
Projektions-Elementchen. $^1/_2$ natürl. Gröfse.

ich die verdünnte Säure in das flache Gefäfs (a) giefse, sehen Sie auf dem Projektionsschirm (S, Fig. 13) eine heftige Bewegung der Flüssigkeit eintreten und am Kupferdraht sich Blasen bilden, welche ihn bald dicht umhüllen und dann herabsinken; — das ist jedoch nur scheinbar, weil das projicierte Bild ein umgekehrtes ist — in Wirklichkeit steigen die Blasen in die Höhe, wie Sie sich beim Nähertreten überzeugen können. Nach einiger Zeit hebe ich die Drähte heraus und spüle sie mit Wasser ab — der Kupferdraht erscheint unverändert, der Zinkdraht dagegen sieht wie zerfressen aus und ist stellenweise schwärzlich geworden. Letzteres ist eine Folge von metallischen Beimengungen, welche das käufliche Zink meist hat. Ich amalgamiere das Zink, d. h. ich tauche es in Schwefelsäure, bringe darauf einen Tropfen Quecksilber, den ich verreibe, sodafs die Zinkfläche (soweit sie eintauchen soll)

wie versilbert erscheint. Nun wiederhole ich den Versuch.
Der Erfolg ist derselbe, doch bleibt der Zinkstab jetzt blank;
dennoch würden wir bei längerer Einwirkung bemerken, dafs
der Zinkstab merklich an Dicke abnimmt — er wird verbraucht. Was ist hier geschehen?

Die chemischen Untersuchungen haben nun ergeben, dafs
die am Kupferstäbchen aufsteigenden und es schliefslich fast
ganz einhüllenden Bläschen aus Wasserstoff bestehen, während die Flüssigkeit jetzt aufgelöstes Zinkvitriol (schwefel-

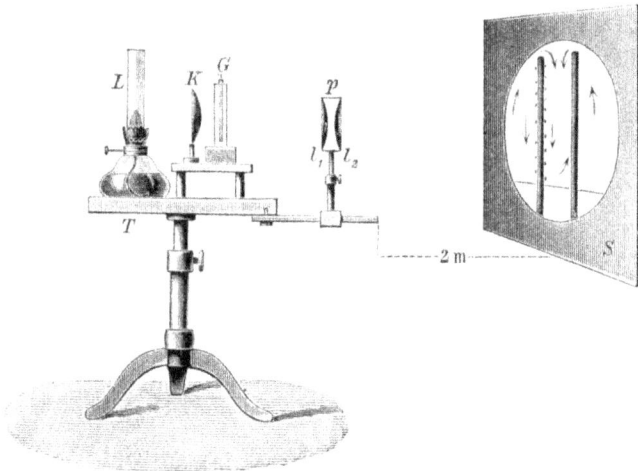

Fig. 13.
Projektion eines Volta'schen Elements. $^1/_{13}$ (der Skala $^1/_{20}$) natürl. Gröfse.
[Die beiden Blendschirme (bei L und p) sind fortgelassen].

saures Zink, $ZnSO_4$) enthält. Durch die Hülle von Wasserstoffbläschen mufste das Kupferstäbchen allmählich von der
Flüssigkeit isoliert werden. Hierdurch wird aus dem Kupferstabe, der isolierenden Schicht und der Flüssigkeit gewissermafsen ein Kondensator gebildet, wodurch sich denn die
Schwächung der Elektricitätserregung erklärt.

Woher stammt aber nun der elektrische Strom des
Elements?

In unserem Falle wurde Zink verbraucht (oder, wie der
Chemiker sagt, oxydiert, d. h. mit Sauerstoff [Oxygen] verbunden). Ebenso zeigten Versuche, die man mit den ver-

schiedensten Kombinationen je zweier Metalle bei verschiedenen
Flüssigkeiten anstellte, dafs ein elektrischer Strom nur
dann auftritt, wenn zwischen dem einen Metall und
der Flüssigkeit eine chemische Wechselwirkung stattfindet, und zwar zeigt immer dasjenige Metall an seinem
hervorragenden Ende — E, welches von der Säure stärker
angegriffen wird. Da sich aufserdem zeigte, dafs die erzeugte
Elektricitätsmenge umso gröfser ist, je mehr von dem chemisch
angegriffenen Metall, als welches meist Zink verwandt wird,
verbraucht wird, so können wir annehmen, dafs die chemische Wirkung der Flüssigkeit auf die betreffenden Metalle
(oder umgekehrt) die Ursache der Elektricitätserregung ist;
und zwar ist die durch die Auflösung des Zinkes verbrauchte chemische Energie die Ursache der elektromotorischen Kraft oder, richtiger gesagt, der elektrischen Energie. Diese Anschauung, der wir uns an-
schliefsen wollen, nennt man die *chemische Theorie* des elektrischen Stromes. (De la Rive und Faraday 1836.)

Als Ludwig Galvani, Professor in Bologna (1789), eine
bereits früher von Coldani (1756) veröffentlichte Beobachtung: dafs frisch getötete Frösche in Zuckungen geraten, wenn
in der Nähe eine Elektrisiermaschine entladen wird, durch
eine zufällige Beobachtung bestätigt fand (oder von neuem ent-
deckte?), suchte er diese Erscheinung weiter zu verfolgen. Zu
diesem Behuf hängte er präparierte Froschschenkel an einem
Kupferdraht nahe bei dem eisernen Geländer seines Balkons
auf. Sobald nun die vom Winde bewegten Froschschenkel das
Geländer berührten, zuckten sie zusammen. Jetzt glaubte
Galvani das Vorhandensein einer tierischen Elektricität gefunden zu haben, die als „Flüssigkeit" von den Nerven zu den
Muskeln geht. Dies erwies sich aber als ein Irrtum!

Wie Sie sich nach dem Gesehenen schon selbst denken
können, spielte hier die Verbindung zweier verschiedener
Metalle durch die feuchte Muskelmasse des Frosches die
Hauptrolle. Das Verdienst, dieses richtig erkannt zu haben,
gebührt Volta, Professor zu Pavia (1793), dem Erfinder des
Kondensators. Er fand, dafs die einfache Berührung zweier
verschiedener Metalle schon genüge, um beide Metalle mit
entgegengesetzter Elektricität zu laden. Hiernach ist die

Geschichtliches:
Galvani.

Volta's
Kontakttheorie.

Berührung (der „Kontakt") zweier verschiedener Metalle unter-
sich die eigentliche Ursache der elektromotorischen Kraft, und
die Flüssigkeitsschicht der Elemente kommt erst in zweiter
Linie in betracht. Diese „Kontakttheorie" trug nach heftigem
Streit, bei welchem viele Frösche das Leben lassen mußten,
den Sieg über Galvani's Theorie davon und hat noch jetzt
(wenn auch in veränderter Form) viele Anhänger. Da jedoch
Beobachtungen neuerer Zeit (Exner, Ostwald u. A.) ergaben,
daß bei der scheinbar direkten Berührung zweier verschiedener
Metallplatten (Volta's „Fundamentalversuch"; vergl. Anh. 2)
eine mikroskopische Feuchtigkeitsschicht oder eine Schicht von
verdichteten Gasen bei dem Zustandekommen der elektrischen
Niveaudifferenz der Metalle eine wesentliche Rolle spielt,
und daß die Natur der die Platten (vor der Berührung)
umgebenden Gase nicht nur von Einfluß auf die Größe,
sondern auch auf das Vorzeichen der Ladung beider Metallplatten ist, so wollen wir uns an die chemische Theorie halten
und nicht näher auf die Kontakttheorie eingehen. Wir können
das um so eher thun, als die chemische Theorie einfacher, und
die Wahl der Theorie für das Verständnis des Folgenden ohne
Belang ist.

Die mit Hülfe der Elemente erzeugte dynamische Elektricität erhielt Galvani zu Ehren den Namen „*Galvanismus*"
oder „*galvanische Elektricität*" (doch hätte sie besser Volta'sche
Elektricität heißen sollen, wie manche Gelehrte sie auch
nennen). Ehe die chemische Theorie aufkam bezeichnete man
sie als „Kontaktelektricität". Dieser Ausdruck findet sich auch
jetzt noch häufig.

Wir haben unsere einfachen Zink/Kupfer-Elementchen
Volta'sche Elemente genannt und wollen diese Bezeichnung
beibehalten, im Gegensatz zu den in der Technik gebräuchlichen (konstanten) „galvanischen Elementen", welche Sie
nun kennen lernen werden.

*   *   *

Kehren wir jetzt zu unseren Versuchen zurück.

Wir beobachteten die störende Wirkung des Wasser-
stoffs beim Kupfer. Sollte die Bildung oder wenigstens die
Ansammlung dieses Gases nicht verhindert werden können?

Allerdings, und zwar giebt uns die Chemie die nötigen Mittel an die Hand. Das **Kupfervitriol** (schwefelsaures Kupfer, $Cu SO_4$) löst sich leicht im Wasser. Tauchen wir den Kupferstab in eine Lösung von Kupfervitriol, die wir durch irgend eine poröse Scheidewand von der verdünnten Schwefelsäure trennen, in welcher der Zinkstab sich befindet, so treten keine Wasserstoffblasen auf; dagegen wird **Kupfer** aus der Lösung gefällt und schlägt sich an der Kupferplatte nieder. [Hierauf kommen wir noch zurück.] A, Fig. 14, zeigt Ihnen ein solches Element nach **Daniell** (1836), wo ein poröser Thoncylinder T beide Flüssigkeiten trennt. **Dieses Element ist sehr kon-**

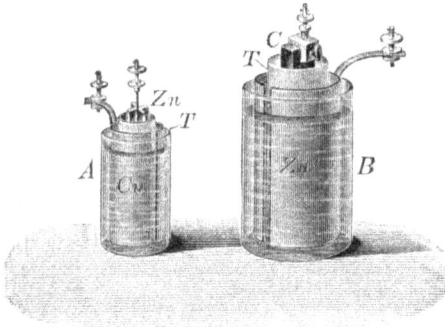

Fig. 14.

A Daniell'sches Element [Zink (Zn) in 10 % Schwefelsäure (oder in Lösung von Zinkvitriol); Kupfer (Cu) in gesättigter Lösung von Kupfervitriol]. $^1/_{10}$ natürl. Gröfse. B Bunsen'sches Chromsäure-Element. $^1/_{10}$ natürl. Gröfse. Kohle (C) in Lösung von doppelt chromsaurem Natrium; Zink (Zn) in verdünnter Schwefelsäure.

stant, besonders wenn das Zink amalgamiert worden (s. o.) und (statt in verdünnte Schwefelsäure) in eine Lösung von Zinkvitriol in Wasser zu stehen kommt.

Noch wirksamer ist das in seiner äufseren Form ähnliche konstante **Bunsen'sche Chromsäure-Element** (B, Fig. 14), wo statt des Kupfers eine Platte aus harter Retortenkohle verwandt wird, welche in einer Lösung von doppelt chromsaurem Natrium zu stehen kommt, während das amalgamierte Zink in verdünnte Schwefelsäure taucht. (Meist bat der hier aufsen befindliche Zinkcylinder [Zn] einen angelöteten Kupferstreifen, an welchem die Klemmschraube für den Leitungsdraht befestigt ist.) Da der Chromsäure auch Schwefelsäure zugesetzt wird (vergl. Anh. 3), so genügt es auch, die beiden Platten (Zn

und C) in eine solche Lösung zu tauchen, um eine Zeitlang
die Wirkung des Elements einigermafsen konstant zu erhalten.
Hierdurch sind wir in den Stand gesetzt, sehr handliche Tauchelemente herzustellen, deren wir uns späterhin oft bedienen
werden (s. w. u. Fig. 41).

Hier stelle ich eine kleine Tauchbatterie (Fig. 15) hin,
deren einzelne Elemente dem besprochenen (Fig. 10, S. 23)
gleichen, nur ist das Kupfer hier durch einen Kohlenstab[5])
ersetzt. Ein Brettchen (B) ist mit passenden Löchern versehen, in
welche dickwandige Reagenzgläser gesteckt sind. Zwei Messing-
stäbe (S₁, S₂) haben Ableitungsdrähte (d₁, d₂) und sind mit je

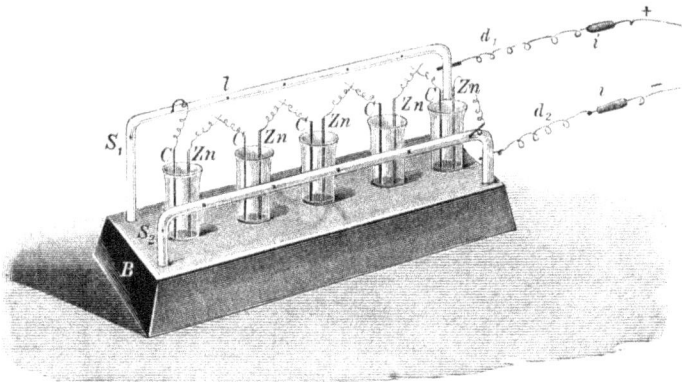

Fig. 15.
Einfache, kleine Tauchbatterie. ¹/₃ natürl. Gröfse.

6 Löchern (l) versehen, in welche die Ableitungsdrähte und
die Poldrähte der einzelnen Elemente hineingesteckt werden
können.

Genügende Isolierfähigkeit des Holzes für galvanische Ströme. Wie Sie sehen, sind hier die Messingständer nur durch
eine Holzschicht von einander getrennt, dennoch genügt das hier
völlig, um sie von einander zu isolieren — d. h. für die galvanischen Ströme! Bei Anwendung sehr hochgradiger Elektricitätsquellen, wie z. B. der Influenzmaschine und der uns

---

[5]) Bei den Kohlenstäben ist das obere Ende etwa 8 mm breit (galvanisch) verkupfert worden, worauf — nach völligem Trocknen — das
Anlöten der Drähte sehr leicht ist. Vorteilhaft ist hier, wie bei Drähten,
die Anwendung von reinem Zinn, obgleich das Löten damit etwas
schwerer ist. Die (abgespülte) Lötstelle bleibt nämlich blank.

erst viel später begegnenden Induktionsströme, wäre die Isolierfähigkeit des Holzes bei weitem nicht genügend, da der Druck, mit dem die Elektricität abzufliefsen sucht, mit dem Elektrisierungsgrade wächst.

Wie bei dem Volta'schen Becher sind die Poldrähte des Zinkes mit grüner, die anderen mit roter Seide umsponnen; ebenso, sind die Ableitungsdrähte (d_1, d_2, Fig. 15) und deren isolierende Siegellackgriffe (i_1, i_2) rot und grün, sodafs Sie von Ihren Plätzen aus genau verfolgen können, in welcher Weise ich die Elemente unter einander verbinde.

Zuerst wollen wir die Poldifferenz oder elektromotorische Kraft der einzelnen Elemente, die (s. Fig. 14) mit Nummern 1,

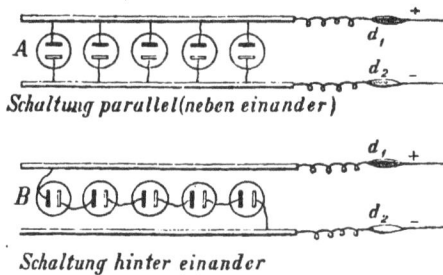

Schaltung parallel (neben einander)

Schaltung hinter einander

Fig. 16.
Verschiedene Schaltung galvanischer Elemente einer Batterie.

2 ... 5 versehen sind, am Aluminium-Elektrometer bestimmen; wir erhalten 1,95; 1,93; 1,95; 1,96; 1,94; d. h. diese frisch zusammengesetzten, aus ganz gleichem Material bestehenden Elementchen zeigen eine — bis auf die unvermeidlichen Ablesungsfehler — genau gleiche elektromotorische Kraft.

Jetzt tritt die Frage an uns heran: Wird die elektromotorische Kraft sich ändern, wenn wir die Elemente zu zweien, dreien .... u. s. w. kombinieren?

Wie sollen wir sie aber nun zusammenstellen? Hierbei können wir zwei verschiedene Wege einschlagen. Wir können nämlich entweder alle Kohlenstäbe unter einander und alle Zinkstäbe unter einander verbinden (A, Fig. 16); oder wir verbinden den Zinkstab des ersten Elements mit dem Kohlenstab des zweiten, dessen Zinkstab mit der Kohle des dritten u. s. w. (B, Fig. 16). — Die erste Art der Kombination oder „Schaltung"

Schaltung parallel und hintereinander.

heiſst die Schaltung **parallel** oder **nebeneinander**, weil sie gleichlaufen den Wasserkanälen entspricht, die gemeinschaftlich ausmünden. Die andere Schaltung, bei welcher der elektrische Strom (der im Leitungsdraht von der Kohle zum Zink flieſst) die einzelnen Elemente nacheinander passieren muſs (in den Elementen selbst also vom Zink durch die Flüssigkeit zur Kohle), nennt man die **Schaltung hintereinander** (oder successive). Eine solche Gruppe von verbundenen Elementen heiſst **Batterie** oder **Kette**.

Wir wollen nun unsere Elemente zuerst parallel und dann hintereinander schalten und die Wirkung am Elektrometer verfolgen. Dabei können wir, der besseren Übersicht wegen, die Resultate gleich tabellarisch ordnen. Den Ausschlag sehen Sie deutlich auf dem Projektionsschirm (vergl. I. Bd., Fig. 15). Zur Abkürzung bezeichnen wir die elektromotorische Kraft mit E.

Messung der elektromotorischen Kraft am Elektrometer:

Anzahl d. Elem.	Schaltung:	
	a) parallel	b) hintereinander
	Ausschlag:	Ausschlag:
1	1,95	1,95; $E_1 = 1$ gesetzt
2	1,95	3,91; $E_2 = 2$ (genau)
3	1,94	5,85; $E_3 = 3$ (genau)
4	1,95	7,75; $E_4 = 4$ (nahezu)
5	1,94	9,75; $E_5 = 5$ (genau)

(parallel-Spalte: unverändert)

Hieraus sehen wir, daſs die elektromotorische Kraft bei paralleler Schaltung unverändert bleibt, dagegen bei der Schaltung hintereinander mit der Anzahl der Elemente zunimmt, und zwar ihr proportional.

Wir haben hier ganz gleiche Elemente benutzt. Vielleicht tritt ein Unterschied auf, wenn wir Elemente **verschiedener Art** kombinieren.

Ein einfaches Daniell'sches Elementchen zeigt Fig. 17. Die U-förmige Glasröhre ist in einen Holzklotz eingelassen und an der Biegung mit **Glaswolle** (G W) verstopft, sodaſs die Flüssigkeiten langsam durchsickern können, aber sich bei ruhigem Stehen nicht vermischen. In den einen Schenkel

giefse ich eine Lösung von Kupfervitriol, in den anderen von
Zinkvitriol und setze die Kupfer- und Zinkstäbe, die durch
Korken geführt sind, ein. Die Poldrähte haben Siegellackgriffe (i). Ein ebensolches Gefäfs dient uns als Chromsäure-
element nach Bunsen (s. o.).

Am Elektrometer erhalten wir als Mafs der elektromotorischen Kraft:

1 Daniell = 1,10; 1 Chromsäureelement = 1,95;

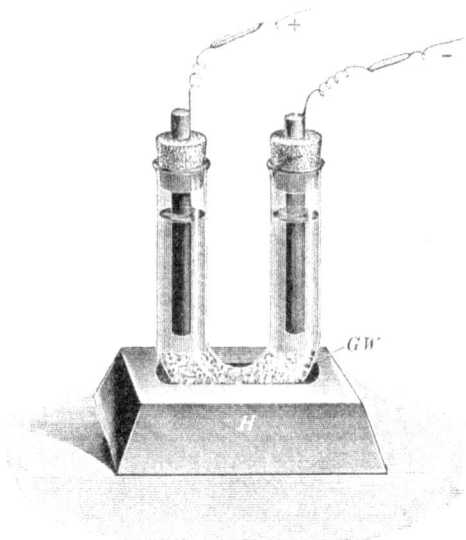

Fig. 17.
Kleines konstantes Element. ³/₄ natürl. Gröfse.

beide parallel geschaltet geben 1,8; hintereinander 3,04
(= 1,1 + 1,95).

Bei paralleler Schaltung ist die elektromotorische
Kraft ungleicher Elemente kaum so grofs, wie die des stär-
keren, dagegen bei der Schaltung hintereinander gleich
der Summe der elektromotorischen Kräfte der einzelnen Elemente.

Was mag aber geschehen, wenn ich ein Element dem
anderen entgegen schalte, sodafs der Strom des einen Elements dem des anderen entgegen fliefst? (Bei dieser Versuchsanordnung sind sehr konstante Elemente erforderlich, wes-

3*

halb ich die früher benutzten Tauchelementchen nicht verwenden kann.) Ich verbinde den Zinkstab des Daniell'schen
Elementes mit dem Zinkstabe des (U-förmigen) Chromsäure-
Elementes und halte den Poldraht der Kohle an die Elektrometerplatte, den des Kupfers an die obere (des Kondensators). — Nach dem Abheben der oberen Kondensatorplatte
zeigt das Elektrometer nur 0,84 und zwar + E, wie der elektrisierte Flintglasstab erweist. Nun ist aber 0,84 = 1,95 — 1,10;
d. h. die elektromotorische Kraft bei Gegenschaltung
zweier Elemente = der Differenz der elektromotorischen Kräfte.

Da wir aber, wenn wir die elektromotorischen Kräfte
beider Elemente mit E und e bezeichnen, schreiben können
    E — e = E + (— e) = 1,95 + (—1,1) = 0,85 (beobachtet 0,84),
so können wir allgemein sagen:

*Bei der Schaltung hintereinander ist die elektromotorische Kraft
der Kette gleich der algebraischen Summe der elektromotorischen Kräfte
der einzelnen Elemente.*

*   *   *

Die Anzahl der verschiedenen galvanischen Elemente ist
sehr grofs. Ich bin nicht in der Lage, Ihnen Muster aller,
oder auch nur der gebräuchlichsten vorzulegen, da wir uns
ausschliefslich der Daniell'schen oder der Chromsäure-Elemente bedienen werden. Da es aber auf die Form der Gefäfse
gar nicht ankommt, so will ich Ihnen, mit Hülfe unserer U-förmigen, mit einer Scheidewand aus Glaswolle versehenen Röhren,
wenigstens kleine Modelle der wichtigsten Arten konstanter
Elemente zusammenstellen, damit wir ihre elektromotorische
Kraft mit dem Daniell'schen Element (Fig. 17) vergleichen
können.

1. Leclanché's Element: Kohle in einem Gemisch von
gepulvertem Braunstein und Koks, Zink (amalgamiert)
in Salmiaklösung (die auch die Lücken des anderen
Schenkels erfüllt). Dieses Element ist sehr konstant.

2. Grove's Element: Platin in koncentrierter Salpeter-
säure, amalgamiertes Zink in verdünnter Schwefelsäure. (Da dieses Element schädliche Dämpfe ent-

wickelt, so müssen dichtschliefsende Gummipfropfen angewendet werden.)

3. Bunsen's Element: Harte Kohle statt Platin, sonst wie Grove's Element.

4. Latimer Clarke's Element (als „Normalelement" oft gebraucht). Platin in Zinkvitriollösung, chemisch reines, nicht amalgamiertes Zink in einem steifen Brei aus Quecksilbersulphat. (Eine poröse Scheidewand ist nicht erforderlich.)

Um vergleichbare Resultate zu erhalten, wollen wir alle Elemente etwas „arbeiten" lassen, d. h. ich verbinde ihre Pole durch Drähte, damit der Strom eine Zeitlang hindurch geht und eine Art Gleichgewichtszustand eintritt.

Nachdem das geschehen, gehen wir an die Messung, wobei ich nur die Vorsicht beobachte, immer den positiven Poldraht direkt mit dem Elektrometer zu verbinden, da durch wechselnde Ladung der Kondensatorplatten Störungen eintreten können.

Elektromotorische Kraft einiger konstanter Elemente.

a) Am Elektrometer		b) Daniell = 1	
1 Daniell	1,1	1	
1 Grove	2,0	1,8	Daniell
1 Bunsen	1,95	1,8	Daniell
1 Clarke	1,5	1,36	Daniell
1 Leclanché	1,3	1,2	Daniell

Diese Zahlen mögen Ihnen als ein annähernder Mafsstab zur Beurteilung der elektromotorischen Kraft dienen. Mafsgebend für den Gebrauch ist entweder die Stärke der Wirkung oder die Bequemlichkeit der Handhabung und endlich — der Kostenpreis. In der Technik werden oft aus letzterem Grunde die Leclanché'schen Elemente bevorzugt.

*　　*　　*

So haben wir denn heute die Wirkungsweise der „offenen" (d. h. nicht durch Leiter verbundenen) Pole der Elemente kennen gelernt und wollen das nächste Mal dem geschlossenen Stromkreise unsere Aufmerksamkeit widmen.

III. Vortrag.

Wir haben auf unserer zweiten Wanderung eine neue Elektricitätsquelle kennen gelernt: wir sahen, dafs unter gewissen Umständen Metalle durch Berührung mit Flüssigkeiten dauernd elektrisch werden können. Die hierbei auftretenden Elektricitätsgrade sind jedoch so gering, dafs wir das Aluminium-Elektrometer mit dem Kondensator verwenden mufsten, um uns von dem Vorhandensein von freier Elektricität an den herausragenden Enden (den Polen) zu überzeugen. Wir sahen:

Rückblick.

1. Bei der Berührung eines Metalles mit einer geeigneten Flüssigkeit zeigt das hervorragende Ende des Metalles (meist) — E (am stärksten Zink), während die Flüssigkeit die entgegengesetzte Ladung annimmt. Bei gleichzeitigem Eintauchen zweier verschiedener Metallstäbe nimmt das herausragende Ende des einen Metalles eine Ladung + E an, während das andere — E aufweist. Diese elektrische Poldifferenz stellt sich nach ableitender Berührung sofort wieder her und bleibt solange bestehen, als die chemische Wirkung zwischen der Flüssigkeit und den Metallen ungeschwächt vorhält; daher sehen wir in der chemischen Wirkung die Ursache der Elektricitätserregung im galvanischen Element.

2. Die elektrische Niveaudifferenz der freien Pole eines galvanischen Elements ist uns ein Mafsstab für die elektromotorische Kraft. Hat der eine freie Pol

den Elektrisierungsgrad + e und der andere − e, so
tritt die gesamte Niveaudifferenz + e − (− e) = 2e an
dem einen Pole auf, wenn der andere zur Erde abgeleitet ist, also das Nullniveau der Erde annimmt.

3. Werden mehrere konstante und gleiche galvanische
Elemente parallel geschaltet, so ist die elektromotorische Kraft der Batterie dieselbe, wie bei
einem einzelnen Element, wächst dagegen bei der
Schaltung hintereinander mit der Anzahl der
Elemente. Sind die Elemente von ungleicher elektromotorischer Kraft, so ist bei der Schaltung
nacheinander die gesamte elektromotorische
Kraft der Kette gleich der algebraischen
Summe aller elektromotorischen Kräfte der einzelnen Elemente (auch für den Fall, dafs einige Elemente den anderen entgegengesetzt geschaltet sind).

*   *   *

Unsere bisherigen Versuche beschränkten sich auf den
Nachweis der Elektricität an den freien Polen der galvanischen
Elemente. Nun wollen wir — wie wir es bereits (S. 9) bei
der Influenzmaschine gethan haben —, das Stromgefälle im
geschlossenen Stromkreise verfolgen.

Da aber, nach unserer Erfahrung, die Niveaudifferenz der
Pole sehr stark abnimmt, wenn eine leitende Verbindung hergestellt und dadurch ein elektrischer Strom hervorgerufen
wird, und die Poldifferenz der galvanischen Elemente überhaupt im Vergleich zu der Elektrisiermaschine sehr gering ist,
so müssen wir eine Kette von vielen Elementen bilden. Wir
wollen kleine Batterieen von Daniell'schen Elementen (vergl.
Fig. 17) verwenden. Zehn Batterieen zu je 5 Elementen, alle
hintereinander geschaltet, werden genügen, da wir die 50fache
elektromotorische Kraft eines Elements haben. Eine kleine Batterie zeigt Ihnen Fig. 18 (a. d. f. S.). Vermittelst der in die Löcher
der Messingständer (m) passenden Drähte (d_1 d_2) verbinden wir
diese Fünfer-Batterieen unter einander. — (Der gemeinsame
Holzständer H macht die Batterie stabiler und zugleich trans-
portabler und gestattet auch, nach Belieben Gruppen von parallel geschalteten Elementen zu verwenden.)

Nun fehlt uns noch ein passender Stromleiter. Hier sehen Sie (R, Fig. 19) über dem Experimentiertisch an zwei Schnüren einen Holzrahmen hängen, der oben 10 und unten 11 starke

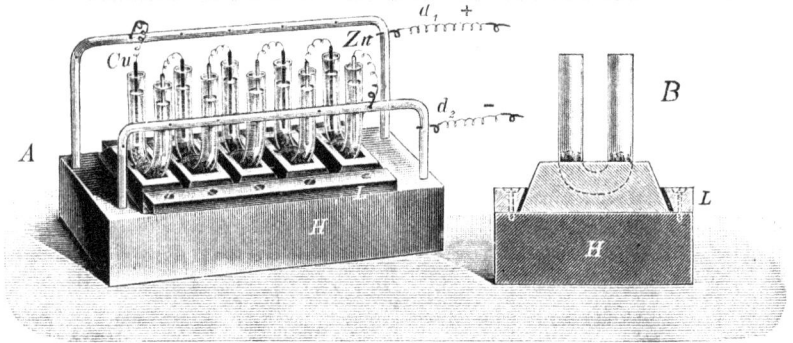

Fig. 18.
Kleine Batterie von 5 Daniell'schen Elementen. (A $1/_3$. B $1/_2$ natürl. Gröfse.)

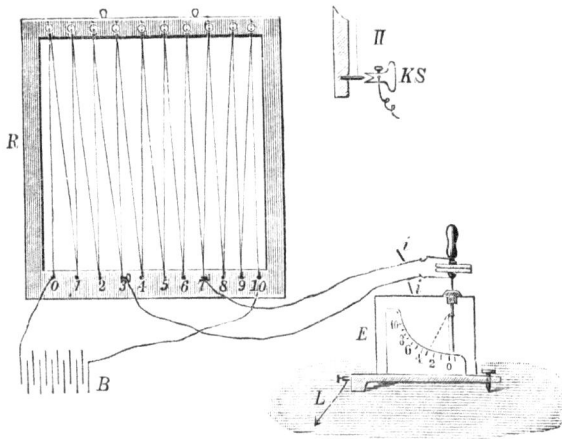

Fig. 19.
Nachweis des Stromgefälles im Stromleiter. $1/_{15}$ natürl. Gröfse
R Stromleiter; B Batterie von 50 Elementen; E Elektrometer; II Kontaktschlüssel.

Neusilberstifte trägt, deren herausragenden Ende etwas zuge-spitzt sind, sodafs sie in die Bohrung eines Kontaktschlüssels (S II) passen. Einen sehr langen feinen Neusilberdraht habe ich möglichst genau in 10 gleiche Teile geteilt und die Teil-punkte fest um die unteren Stifte (0, 1, 2, 3 . . . . 10) gewickelt,

die zwischenliegenden Stücke zu Locken aufgewickelt und mit
der Mitte an dem betreffenden oberen Stift eingehakt.
So stellt der ganze Draht eine sehr lange Leitung dar. Die
Stifte 0 und 10 verbinde ich durch biegsame starke Drähte
mit der Batterie (B) von 50 Elementchen.

Durch zwei feine umsponnene Kupferdrähte, deren eines
Ende an je 1 Kontaktschlüssel befestigt ist, während das andere
einen isolierenden Siegellackgriff (i i) trägt, kann ich die Kondensatorplatten des Elektrometers mit je zwei Stiften für einen
Moment verbinden, um die elektrische Niveaudifferenz dieser
beiden Punkte der Strombahn zu bestimmen. Zwischen den
Stiften 0 und 10 (s. Fig. 19) erhalten wir *8,2* Aichungsgrade.
Da der ganze Leitungsdraht zwischen diesen beiden Punkten
möglichst genau in 10 gleiche Teile geteilt worden ist, so
dürfen wir erwarten, daſs zwischen den Punkten 0 und 1,
1 und 2 u. s. w. der 10. Teil dieser Niveaudifferenz auftreten
wird (s. o. S. 14). Das ist thatsächlich der Fall, denn das
Elektrometer zeigt 0,79; 0,80; 0,80; 0,81 u. s. w., d. h. bei
einem gleichförmigen Stromleiter ist der Niveauunter-
schied zwischen gleichweit abstehenden Punkten der
Strombahn konstant. (Diese Versuchsanordnung ist — des
Kondensators wegen — nicht ganz einwandfrei, doch genügt sie,
um Ihnen vorläufig einen Begriff davon zu geben, daſs auch hier
ein Stromgefälle stattfindet.) — Sehr miſslich ist, bei der für
diesen Zweck geringen Anzahl von Elementen, der Nachweis,
daſs die freie Elektricität von dem einen Pole (0) bis zum
anderen (10) stetig abnimmt, doch wollen wir es versuchen. Ich
verbinde die Elektrometerplatte (Fig. 19) mit dem Stifte 0, aber
leite gleichzeitig die obere Platte zur Erde ab. Nach dem
Abheben der oberen Platte zeigt das Elektrometer + E = 3,3,
dagegen beim Stifte (10) — E = 3,5; dazwischen sind bei 1 bis 5
die Ladungen abnehmend positiv, von 6 bis 10 wachsend
negativ. Der Nullpunkt liegt also im Neusilberdraht zwischen
5 und 6. — Sie sehen, daſs wir bei dem galvanischen Strome
im wesentlichen dieselben Erscheinungen haben, wie wir sie
bei Anwendung der Influenzmaschine beobachteten.

*   *   *

Nun wollen wir einen Schritt weiter gehen und fragen: welche Wirkungen ruft der elektrische Strom in seiner Umgebung hervor?

Zunächst wollen wir untersuchen, ob die vom elektrischen Strome durchflossenen Leiter sich auch gegenseitig anziehen oder abstofsen, wie wir es bei elektrisierten Körpern (z. B. an den elektrischen Pendeln) beobachteten. Zu diesem Zweck müssen wir leicht bewegliche Stromleiter herstellen und zuschen, ob ein genährter zweiter Stromleiter irgend eine Wirkung auszuüben vermag!

Da wir, auch späterhin, oft genötigt sein werden, die Richtung des Stromes in einem bestimmten Leiterstück

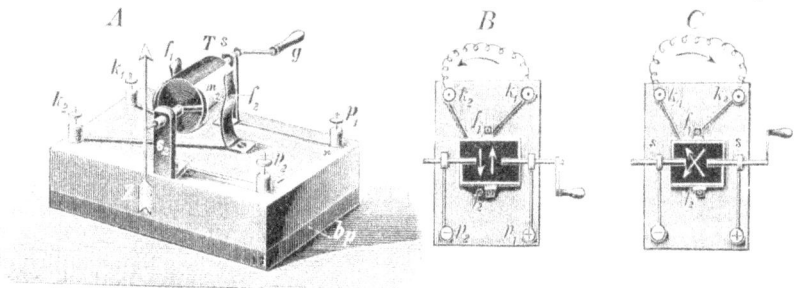

Fig. 20.
Stromwender nach Rühmkorff, mit automatischem Stromrichtungszeiger (Z).
$^1/_4$ natürl. Gröfse.

umzukehren, so wollen wir einen Hülfsapparat benutzen, der das gestattet, ohne dafs wir die Poldrähte vertauschen müfsten. Einen solchen Stromwender oder Kommutator lege ich Ihnen hier vor (Fig. 20).

Ein kleiner Ebonitcylinder (T) ist durch zwei nicht durchgehende (also von einander isolierte) Achsen in zwei Messingständern (s_1 s_2) vermittelst der Kurbel (g) drehbar. Die Ständer sind durch Kupferstreifen mit den Klemmschrauben p_1 p_2 verbunden. Von den Achsen führt je ein Kupferstreif zu zwei Metallplatten (m_1 m_2), welche auf dem Cylindermantel so befestigt sind, dafs sie sich gegenüberstehen und bei einer gewissen Stellung des Stromwenders mit den Messingfedern (f_1 f_2) in Berührung stehen, welche wieder durch Kupferstreifen mit den Klemmschrauben k_1 k_2 verbunden sind. Werden die Klemm-

schrauben $p_1 p_2$ mit den Poldrähten eines Elements verbunden
und zwischen $k_1 k_2$ ein Leiter eingespannt, so fliefst der Strom
bei einer Stellung des Stromwenders (B, Fig. 20) von p_1 über
k_1 nach k_2, dagegen in der anderen Stellung des Cylinders
(C, Fig. 20) von p_1 über k_2 nach k_1, also wird in dem
zwischen k_1 und k_2 befindlichen Leiterstück der Strom
die Richtung wechseln, wenn die Kurbel (g) eine halbe
Drehung macht. In der mittleren Stellung des Cylinders werden
die Federn ($f_1 f_2$) nicht berührt, also ist der Strom unterbrochen. Die verlängerte Achse des Cylinders hat eine

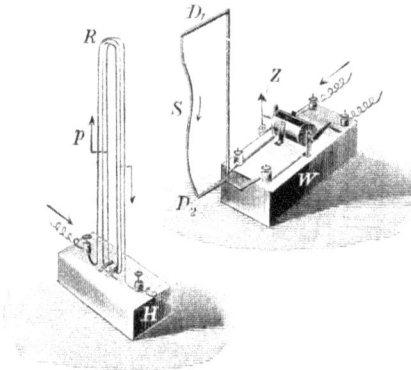

Fig. 21.
Beweglicher Stromleiter (S) nach Mühlenbein. Modificiert und vereinfacht.
$^1/_2$ natürl. Gröfse.

axiale Bohrung, in welche ein Stift pafst, welcher an einen
Neusilberzeiger (Z) gelötet ist. Wird der Stift eingesetzt, so
dreht sich der Zeiger mit dem Cylinder und giebt die ver-
änderte Stromrichtung im Leiterstück ($k_1 k_2$, bei A Fig. 20)
an, was Sie mithin von Ihren Plätzen aus kontrollieren können.

Einen beweglichen Stromleiter liefert uns ein schmaler Streifen
von feinstem Blattzinn (Stanniol), etwa 28 cm lang und 5 mm breit;
diesen befestige ich an den Enden passend geformter starker
Messingdrähte ($D_1 D_2$, Fig. 21), die am Stromwender angebracht
sind, in der Weise, dafs er schlaff herabhängt[6]). Verbinde ich

---

[6]) Mit einer Laubsäge ist in die Messingdrähte ($D_1 D_2$, Fig. 21) eine
Spalte von etwa 1 cm Tiefe eingesägt, das 2—3fach zusammengelegte Ende
des Stanniolstreifens eingeschoben und die vorstehenden Drahtenden mit
biegsamem Kupferdraht zusammengeschnürt.

nun die anderen Klemmschrauben des Stromwenders, die mit
einem + und — markiert sind, mit den entsprechenden Polen
eines Bunsen'schen Chromsäure-Elements (s. Fig. 31), so fliefst
der Strom in der Richtung des Stromzeigers (Z) durch den Stanniolstreifen. — Als fester Leiter dient uns starker, mit Seide oder
wachsierter Baumwolle umsponnener Kupferdraht, den ich in
4—5 Windungen zu einem Rahmen (R, Fig. 21) zusammenbiege
und auf einem Holzklotz (H) aufrecht befestige, nachdem ich
die Ecken mit Bindfäden zusammengeschnürt habe. Die Enden
dieses Drahtes führe ich zu Klemmschrauben, die mit einem
zweiten Chromsäure-Element verbunden sind. Um Ihnen die
Stromrichtung zu markieren, befestige ich an den Seiten des
Rahmens zwei Pfeile aus Papier.

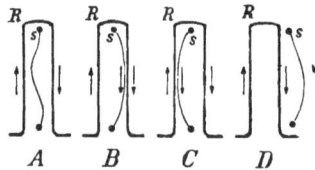

Fig. 22.
Wirkung eines festen Stromleiters auf einen beweglichen.
$^1/_{18}$ natürl. Gröfse.

Nun schiebe ich den Drahtrahmen R über den Zinnstreifen,
den ich im Auge zu behalten bitte (Fig. 22). — Jetzt schliefse
ich am Stromwender den Strom. Während bisher das Zinn-
blättchen (S, Fig. 22) schlaff herabhing, bläht es sich jetzt auf
und legt sich bald an die eine, bald an die andere Seite des
Drahtrahmens an (B und C, Fig. 22), wenn ich die Stromrichtung
ändere. Es macht den Eindruck, als ob der Zinnstreifen bald
von der rechten, bald von der linken Hälfte des Rahmens
angezogen würde. Ein Blick auf den Stromrichtungs-Zeiger
des Kommutators ergiebt, dafs der bewegliche Leiter nach der
Seite des Rahmens gezogen wird, wo der Strom dieselbe
Richtung hat.

Nun modificiere ich den Versuch, indem ich den Drahtrahmen dicht neben den Stanniolstreifen stelle und den Strom
schliefse — auch jetzt findet bei gleicher Stromrichtung Anziehung, aber bei entgegengesetzter eine deutliche Abstofsung
statt (D, Fig. 22), wir erhalten also die Regel:

Gleichgerichtete elektrische Ströme ziehen sich an, entgegengesetzt gerichtete stofsen sich ab.

Falls unsere Beobachtung richtig ist, so müfste ein frei beweglicher Stromleiter das Bestreben haben, sich einem in

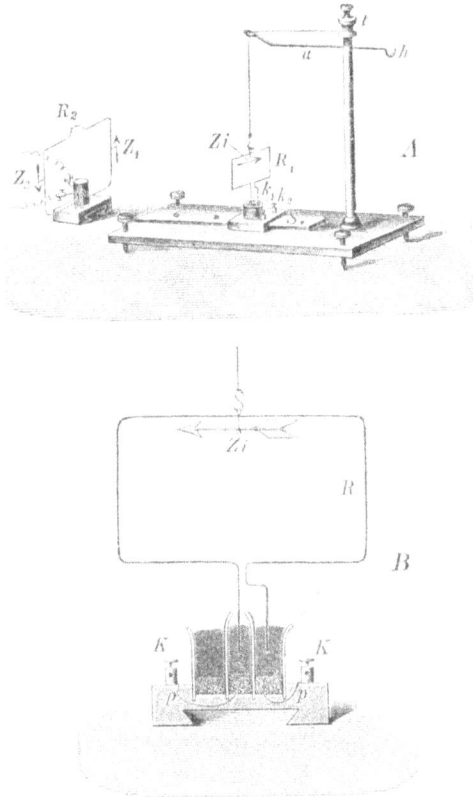

Modificiertes und vereinfachtes Ampère'sches Gestell. $^{1}/_{10}$ natürl. Gröfse.
B Kontaktbecher. $^{1}/_{2}$ natürl. Gröfse.

der Nähe befindlichen Stromleiter gleichgerichtet parallel zu stellen, also unter Umständen eine Richtkraft zeigen! Das wollen wir doch versuchen.

Ein nicht geschlossener Drahtrahmen (R, Fig. 23) ist so an einem schlichten Frauenhaar (oder an einem ungedrehten Kokonfaden) aufgehängt, dass die freien Enden in zwei Quecksilbernäpfe (B, Fig. 23) tauchen, von denen der eine den anderen umgiebt. Beide Quecksilbergefäſse sind von einander isoliert, aber durch Platindrähte mit den Klemmschrauben verbunden, welche ich durch den Stromwender mit einem Chromsäure-Element in Verbindung setze. Durch Drehung der Trommel (t) wird der Faden, der mehrfach herumgeführt ist, verkürzt oder verlängert. Eine kleine Drehung des Armes (a) gestattet eine seitliche Bewegung des Fadens und Rahmens, während das Brettchen mit dem Kontaktbecher näher und weiter gerückt werden kann, sodaſs es immer möglich wird, das gerade Drahtende des Drahtrahmens genau senkrecht über dem mittleren Quecksilberbecher einzustellen, worauf der Rahmen herabgelassen und der Stromkreis geschlossen wird. Eine Stecknadel, die in dem Rahmen befestigt ist, trägt einen kleinen Pfeil aus Karton, der als Stromzeiger dient (Z) und auf der einen Seite rot, auf der anderen grün gefärbt ist.

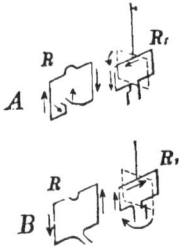

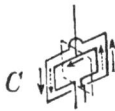

Fig. 24.
Richtkraft eines festen
Stromleiters auf einen
beweglichen.
$\frac{1}{10}$ natürl. Gröſse.

Als fester Stromleiter dient ein Rahmen aus starkem Kupferdraht (R_2, Fig. 23), welcher auf einem drehbaren Klötzchen angebracht und mit 2 Stromrichtungs-Zeigern ($Z_2 Z_3$) aus Papier versehen ist. Auf der Schiene kann dieser Rahmen dem drehbaren (R_1) beliebig genähert werden. — Dieser Apparat, der hier modificiert und vereinfacht ist, heiſst nach seinem Erfinder das Ampère'sche Gestell.

Nun verbinde ich auch die Klemmschrauben des festen Drahtrahmens (R_2) mit einem Chromsäure-Element, stelle den Stromrichtungs-Zeiger ein und schiebe den Rahmen zum beweglichen heran, daſs eine vertikale Seite voransteht (A, Fig. 24). Sie sehen, der bewegliche Leiter wendet sich und stellt sich so, daſs im genäherten Teile der Strom gleichgerichtet ist. — Ich drehe den festen Rahmen um 180⁰, und sofort macht der bewegliche Leiter eine Schwenkung und stellt sich wieder entsprechend ein (B, Fig. 24). Nun unterbreche ich den Strom am Kommutator, schiebe den festen Rahmen soweit vor, daſs die

Mittelpunkte beider Rahmen zusammenfallen und schliefse den Strom — sofort schwingt der bewegliche Leiter herum, pendelt einige Mal hin und her und stellt sich wieder so, dafs die Ströme gleichgerichtet parallel sind (Ampère).

Jetzt verbinde ich beide Chromsäure-Elemente (parallel geschaltet) mit dem Stromwender, also mit dem schwebenden Drahtrahmen und schliefse den Strom dem Zeiger entsprechend — — der Ring dreht sich langsam und stellt sich so, dafs der Pfeil nach Osten zeigt. Sollte das ein Zufall sein? Ich drehe den Pfeil um 180⁰ und gebe dem Strom die umgekehrte Richtung (die also wieder vom Pfeil markiert wird) — der Erfolg ist derselbe! In beiden Fällen fliefst also der Strom oben nach Osten oder, wenn Sie von Norden blicken, im umgekehrten Sinne wie die Bewegung der Uhrzeiger. — Woher

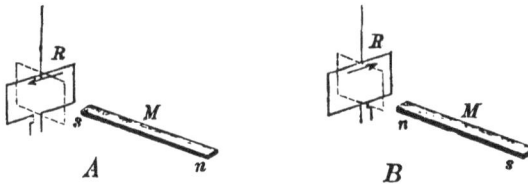

Fig. 25.
Wirkung eines Magnets auf einen beweglichen Stromleiter. $^1/_{10}$ natürl. Gröfse.

kommt das? Der von einem verhältnismäfsig starken Strom durchflossene Drahtrahmen zeigt eine Richtkraft, ähnlich wie eine Magnetnadel, nur dafs er mit seinen Flächen eine nord-südliche Lage einnimmt, seine Ebene also eine west-östliche ist. Diese Richtkraft kann — da weiter keine Ursache vorhanden ist — nur eine Wirkung des Erdmagnetismus sein. Ist diese Voraussetzung richtig, so mufs ein genäherter Magnetstab eine Richtkraft auf den beweglichen Leiter äufsern! Die Probe ist einfach. Ich nähere das Süd- ende eines Magnetstabes der Kante des Drahtrahmens (A, Fig. 25). Sie sehen, wie der Ring sogleich eine Vierteldrehung macht und dem Südpol des Magnets die Fläche zukehrt, welche vorhin nach Norden gerichtet war. Das Umgekehrte tritt ein, wenn ich den Nordpol des Magnets heranbringe (B, Fig. 25). Diese auffallende Erscheinung zeigt uns

unverkennbar, daſs zwischen den elektrischen Strömen und den Magneten eine Beziehung herrscht. Diese
zu erforschen soll jetzt unsere Aufgabe sein.

Das Solenoid.   Ich ersetze den Drahtrahmen unseres Apparates durch
eine Locke aus hartem, also steifem Kupferdraht (Fig. 26), die
so gewickelt ist, daſs die Enden, ohne die Windungen zu
berühren, nahe zusammenkommen, wo sie durch ein Stückchen Kork geführt und so gebogen sind, daſs sie in den Queck-
silberkontaktbecher tauchen können. Um Ihnen die Stromrichtung zu markieren, hänge ich zwei farbige Papierscheiben

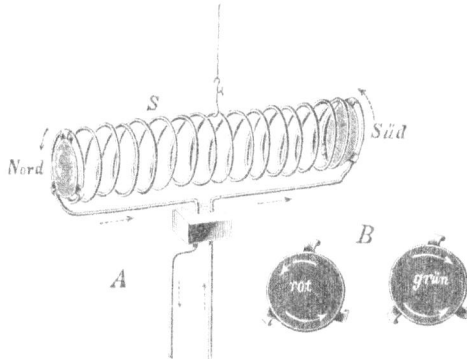

Fig. 26.
Das Solenoid mit markierter Stromrichtung. ¹/₂ natürl. Gröſse.

(B, Fig. 26) an die Enden des „Solenoids", wie man diese
Vorrichtung nennt. Die rote Papierscheibe zeigt die Pfeile
nach links, die grüne nach rechts gerichtet (also letztere den
Uhrzeigern entsprechend). — Nun schlieſse ich den Strom so,
daſs die Pfeile die Stromrichtung anzeigen — sofort wendet
sich das Solenoid und stellt sich von Nord nach Süd,
und wiederum flieſst der Strom *oben nach Osten*.

Nun vertausche ich die Papierscheiben und wende
den Strom — wieder zeigt das rote Ende nach Norden, und
der Strom flieſst, wie wir uns leicht überzeugen, wieder den
Pfeilen entsprechend. — Jetzt nähere ich den Nordpol des
Magnetstabes von der Seite — das Solenoid schwingt heftig
herum und kehrt ihm das grüne Ende zu, wo der Strom im
Sinne der Uhrzeiger flieſst. Das Umgekehrte findet bei An-

näherung des magnetischen Südpols statt. Zur Kontrolle nähere
ich rasch den Nordpol des Magnets dem roten Ende des
Solenoids — dieses wird abgestofsen, ebenso das grüne Ende
vom Südpol. Wir erkennen hieraus:

   *Zwischen einem Magnet und einem vom elektrischen Strom durch-
flossenen Solenoid finden genau dieselben Erscheinungen der polaren Anziehung und Abstofsung statt, welche wir zwischen zwei Magnetnadeln
beobachteten;* und zwar verhält sich das Ende des Solenoids,
wo der Strom in der Richtung der Uhrzeiger fliefst,
wie ein südsuchender Magnetpol; das andere Ende, wo
der Strom in umgekehrter Richtung, wie die Uhrzeiger kreist,
wie ein nordsuchender Pol (Ampère).

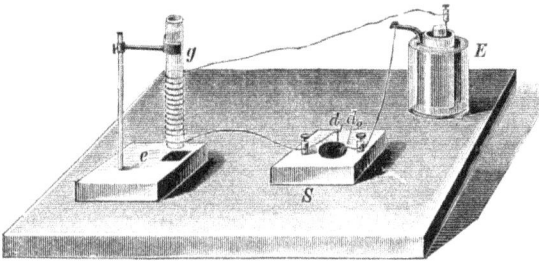

Fig. 27.
Magnetische Wirkung einer Drahtspirale. $\frac{1}{8}$ natürl. Gröfse.
S Quecksilber-Stromschlüssel.

   Sollte am Ende das vom Strom durchflossene Solenoid ein
Magnet geworden sein? Ich nehme eine Glasröhre (g,
Fig. 27) und umwickele sie mit etwa 20 Windungen umsponnenen Kupferdrahtes (von etwa 1 mm Stärke) und verbinde
die Enden mit einem Chromsäure-Element, schalte aber einen
„Stromschlüssel" oder „Kontaktschlüssel" ein, um den Strom
nach Belieben schliefsen und öffnen zu können. Dieser Stromschlüssel (S) besteht aus einem Holzklotz, in den eine napf-
förmige Vertiefung ausgebohrt und mit Quecksilber gefüllt ist.
Zwei Stahldrähte (d_1 d_2) sind so befestigt, dafs der eine beständig eintaucht, der andere, hakenförmig gebogen, mit der
Spitze nahe über der Quecksilberoberfläche schwebt und durch
einen Druck mit dem Finger zum Eintauchen gebracht wird,
wodurch der Stromschlufs hergestellt ist.
   Ich halte die Drahtspirale nahe über einem kleinen Eisen-

blechstück (e) und schliefse den Strom — das Eisen wird angezogen, fällt aber herab, wenn ich den Strom unterbreche.
Nun nähere ich das eine Ende einer aufgehängten Magnetnadel:
die Nadelenden werden genau so angezogen, als wäre die
Drahtspirale ein Magnet, aber nur solange der Strom in der
Spirale kreist. Die Drahtspirale, durch welche ein galvanischer Strom geht, hat also thatsächlich magnetische Eigenschaften, die aber spurlos verschwinden,
wenn der Strom unterbrochen wird.

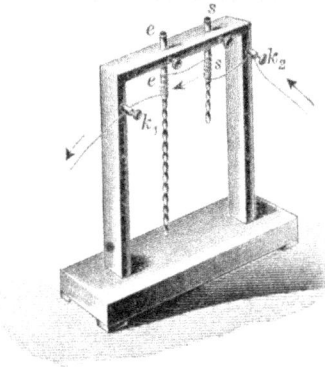

Fig. 28.
Magnetisierung von weichem Eisen (e) und Stahl (s) durch den galvanischen Strom.
$^1/_5$ natürl. Gröfse.

Nun liegt die Frage nahe, ob wir nicht vermittelst des
elektrischen Stromes direkt künstliche Magnete erzeugen
können?

Wir haben schon oben (S. 3) gesehen, dafs Eisen und
Stahl sich beim Magnetisieren verschieden verhalten. Wir
wollen daher beide zugleich prüfen. — Ein Holzrahmen
(Fig. 28) hat oben zwei Löcher, durch welche ich einen Stab
Verschiedenes aus weichem Eisen (e) und einen aus Stahl (s) von gleicher
Verhalten von Gröfse stecke und durch Schrauben festklemme. Nun um-
Eisen und
Stahl. wickele ich jeden Stab mit 15 Windungen umsponnenen Kupfer-
drahtes und führe die Drahtenden zu den Klemmschrauben
($k_1 k_2$), die ich — unter Einschaltung des Kontaktschlüssels
(vergl. S, Fig. 27) — mit einem Chromsäure-Element verbinde.
— Schliefse ich den Strom, so zeigen sich beide Stäbe
magnetisiert; während aber der weiche Eisenstab (e, Fig. 28)

eine ganze Reihe von Eisenstücken zu tragen vermag, kann ich am Stahlstabe (s) nur ein Stück anlegen, denn das zweite will nicht haften. Doch — jetzt gelingt es! Nach einer kleinen Weile kann ich wieder ein Eisenstück zulegen, doch bleibt die Tragkraft des Stahlstabes immerhin bedeutend kleiner als die des weichen Eisenstabes. — Nun unterbreche ich den Strom — — am Eisenstabe fallen, mit Ausnahme des obersten, alle Eisenstücke ab, beim Stahle kein einziges!

Ich reifse von beiden Stäben die Eisenstücke ab und halte sie wieder an die Polflächen: der Stahlstab hat seine magnetische Kraft behalten, das Eisen ist, scheint's, völlig unmagnetisch geworden. Wir wollen den Versuch wiederholen, aber vorher auf die Polflächen beider Stäbe Stückchen von feinem Papier kleben. Beide Stäbe zeigen eine etwas geringere Tragkraft als vorhin, und beim Öffnen des Stromes fallen am Eisenstabe alle Stücke ab, während am Stahlstabe alle hängen blieben, d. h. weiches Eisen wird durch einen ihn umkreisenden elektrischen Strom sehr stark magnetisch, aber nur so lange der Strom dauert; der Stahl dagegen behält (wenigstens zum grofsen Teil) seinen Magnetismus.

Die aus einem weichen Eisenkern und einem ihn umkreisenden elektrischen Strom gebildeten Magnete heifsen Elektromagnete. Ihre Tragkraft wächst anfangs mit der Anzahl der benutzten galvanischen Elemente und übersteigt die aller anderen künstlichen Magnete. Die Wirkung wird, wie auch bei Stahlmagneten, verstärkt, wenn beide Polflächen die angelegte Eisenplatte, den sogenannten Anker, berühren. Solche hufeisenförmige Elektromagnete zeigt Fig. 29 in zwei typischen Formen. Der eine (B) hat breite flache Polflächen, die sich sehr nahe stehen, und zeigt — da er aufserdem aus besonders weichem Eisen hergestellt ist —, obgleich er nur 5 Windungen starken Kupferdrahtes hat, eine aufserordentliche Tragkraft. Das Ihnen vorliegende Exemplar wiegt blos 890 g. Wir wollen seine Stärke erproben. Ich lasse den Strom des einen grofsen Chromsäure-Elementes durch den Draht gehen: versuchen Sie es, den Anker abzureifsen! Einem einzelnen von Ihnen gelingt es kaum. Nun spanne ich noch das zweite Element vor — jetzt haben zwei von Ihnen genug damit zu thun. Ein früherer Versuch zeigte,

4*

dafs dieser kleine Elektromagnet in diesem Falle eine Tragkraft von über 120 kg, also mehr als das 100fache seines Ge-
wichtes tragen kann. Sie sehen, welche riesige dynamische Wirkung unsere unscheinbare Elektricitätsquelle hervorzubringen vermag und werden es begreiflich
finden, dafs die Elektromagnete berufen sind, in der Technik
eine wichtige Rolle zu spielen — doch davon später. Jetzt

Fig. 29.
A Hufeisenförmiger Elektromagnet. B Joule'scher Elektromagnet. ¹/₁₀ natürl. Gröfse.

will ich nur noch erwähnen, dafs man mit Hülfe grofser
Elektromagnete u. a. die magnetischen Eigenschaften solcher
Körper nachweisen konnte, die für gewöhnlich sich völlig unmagnetisch erweisen und deshalb lange für überhaupt nicht
magnetisch galten, wie Holz, Glas u. s. w. (Anh. 1).

*   *   *

Wir haben gesehen, dafs ein Magnet auf einen beweglichen
Leiter, der von einem elektrischen Strom durchflossen wird,
eine Richtkraft ausübt. Sollte nicht auch der elektrische Strom einen gleichen Einflufs auf eine bewegliche Magnetnadel ausüben? Dafs ein Solenoid die Magnetnadel abzulenken vermag, haben wir bereits beobachtet, doch
konnte hierbei vielleicht die spiralische Form des Leiters von
Einflufs sein.
Ich nehme eine starkwandige Glasröhre (g, Fig. 30) und
klemme vermittelst zweier Korken (k₁ u. k₂) einen starken
umsponnenen Kupferdraht (h) so ein, dafs er eine Schleife
bildet, von der ein Stück geradlinig ist. Auf dieses klebe ich mit
Wachs einen roten Papierpfeil (p) und verbinde die freien
Enden durch Klemmen mit den Poldrähten eines Elements so,
dafs der (positive) Strom in der Richtung des Pfeiles die Draht-

schleife durchfließt. Nun fasse ich diesen Stromleiter und
nähere ihn in vertikaler, aufwärts gerichteter Stellung des
Pfeiles dem von Ihnen abgekehrten Südende einer Magnetnadel
(A, Fig. 31) — die Nadel wird abgelenkt, und zwar wendet
sich der nordsuchende Pol derselben (der durch eine rote
Papierspitze markiert ist), nach Westen. Nun führe ich den
Leiter, ohne die Stromrichtung zu ändern, in derselben
Ebene um die Nadel herum — — die Ablenkungsrichtung der
Magnetnadel bleibt unverändert. Jetzt wiederhole ich den

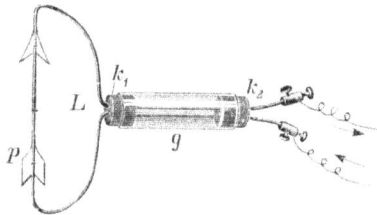

Fig. 30.
Stromleiter für Versuche über die Ablenkung der Magnetnadel durch den elektrischen
Strom. $\frac{1}{5}$ natürl. Größe

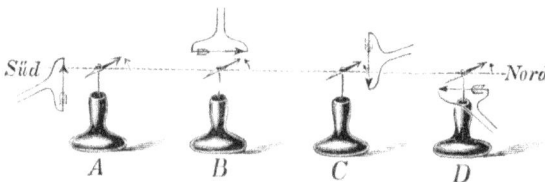

Fig. 31.
Ablenkung der Magnetnadel durch den galvanischen Strom.

Versuch, halte aber die Drahtschlinge so, daß der Pfeil, und
mithin der Strom, die umgekehrte Richtung hat — der nordsuchende Pol ist nun in allen Lagen des Stromleiters nach
Osten abgelenkt, während er vorhin nach Westen zeigte.
    Zur Kontrolle halte ich (A Fig. 32) die Drahtschleife so,
daß ihre Ebene eine nord-südliche Lage hat und der Strom,
den ich nun schließe, die ganze Nadel umkreist und zwar
über der Nadel nach Norden fließt. Sie sehen, daß
der nordsuchende Pol, wie beim letzten Versuch, nach Westen
abgelenkt bleibt; drehe ich aber die Drahtschleife um 180º,
lasse also den Strom über der Nadel nach Süden fließen,

so wendet sich der Nordpol nach Osten (B, Fig. 32). Für
alle von uns beobachteten Fälle können wir das Gesetz der
Ablenkung so ausdrücken: Denken wir uns mit dem (positiven)
Strome so vorwärts schwimmend, dafs wir das Gesicht der
Magnetnadel zuwenden, so wird der nordsuchende Pol der
nach links abgelenkt (Ampère).

Diese, wie Sie bald sehen werden, aufserordentlich wichtige
Erscheinung der Ablenkung der Magnetnadel durch den elektrischen Strom wurde zu Anfang unseres Jahrhunderts (vor 1804)
von Romaguesi[7]), und später (1820) von dem dänischen Gelehrten Oersted entdeckt. Das Gesetz der Ablenkung verdanken
wir dem Franzosen Ampère, und ihm zu Ehren wird es die
Ampère'sche Schwimmregel benannt. Einfacher vielleicht

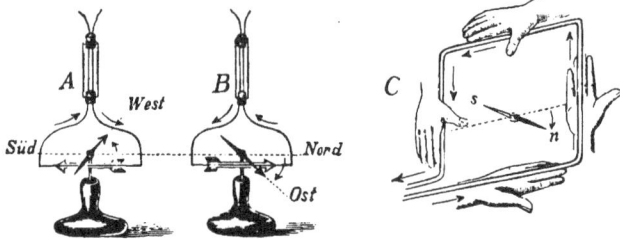

Fig. 32.
Ampère'sches Gesetz. A und B $^1/_{10}$ natürl. Gröfse. C Schematische Darstellung.

ist folgende Fassung: Man halte die *rechte* Hand mit der
inneren Fläche zur Magnetnadel gekehrt so, dafs die
Fingerspitzen die Richtung des (positiven) Stromes
angeben, dann zeigt der ausgestreckte Daumen die
Richtung an, in welcher der nordsuchende Pol abgelenkt wird (C, Fig. 32).

Wir können auch — was uns später oft von Nutzen sein
wird — aus der Ablenkung der Magnetnadel auf die Richtung des elektrischen Stromes im Leiter schliefsen:

---

[7]) Allgemein gilt Oersted als Entdecker der Ablenkung der Magnetnadel durch den elektrischen Strom, da seine Publikation bekannt wurde,
während Romaguesi seine Beobachtungen nicht selbst veröffentlicht zu
haben scheint; wenigstens wird er von einem Zeitgenossen nur gelegentlich
erwähnt (vergl. Anh. 5).

Legen wir die *rechte* Hand so an den ablenkenden Stromleiter, dafs die Handfläche der Magnetnadel zugewandt ist und der ausgestreckte Daumen die Richtung des abgelenkten nordsuchenden Poles anzeigt, so fliefst der (positive) Strom von der Handwurzel *in der Richtung der Fingerspitzen* (vergl. C, Fig. 35). Gesetz der Stromrichtung.

Fassen wir, der Übersicht wegen, nun unsere Beobachtungen zusammen:

1. Gleichgerichtete elektrische Ströme ziehen sich an und entgegengesetzt gerichtete stofsen sich ab. Bewegliche Stromleiter suchen sich so zu stellen, dafs die elektrischen Ströme gleichgerichtet parallel sind.

2. Ring- oder lockenförmige bewegliche Stromleiter (Solenoide) zeigen eine magnetische Richtkraft, werden von einem genäherten Magnetstabe ebenso angezogen und abgestofsen, wie eine Magnetnadel.

3. Ein elektrischer Strom lenkt eine genäherte Magnetnadel in gesetzmäfsiger Weise ab und erzeugt in einem Stück Eisen, das er umkreist, starken Magnetismus, und zwar ist der Nordpol des Elektromagnets an dem Ende, wo der (positive) Strom in umgekehrter Richtung fliefst, wie die Bewegung der Uhrzeiger erfolgt.

Wie sollen wir uns nun den Zusammenhang zwischen den Magneten und den elektrischen Strömen erklären?

Ampère, der geniale Entdecker der elektro-magnetischen Gesetze, nahm an, dafs jedes Molekül eines Magnets von einem in sich selbst zurückkehrenden (geschlossenen) elektrischen Strome umkreist werde, und zwar wird ein Teil dieser „Molekularströmchen" durch die magnetisierende Wirkung des Streichens mit einem starken Magnet oder durch einen elektrischen Strom zu einander gleichgerichtet parallel gestellt (A, Fig. 33). So wirken denn diese Molekularmagnete, wie bei unserem Versuch (S. 5) die Stahl-Feilspäne, verstärkend aufeinander. Magnetisieren heifst also: die Molekularströme gleichgerichtet parallel stellen. Die — nie zu erreichende — Grenze der Magnetisierbarkeit wäre daher er- Ampère's Hypothese.

reicht, sobald alle Molekularströme gleichgerichtet parallel gestellt sind. Das verschiedene Verhalten des Eisens und des Stahls
beim Magnetisieren (s. o. S. 3) rührt davon her, dafs die Eisenmoleküle beweglicher sind, als die Stahlmoleküle, weshalb letztere der Richtkraft einen gröfseren Widerstand entgegensetzen,
aber in der einmal angenommenen Stellung verharren, während
die Eisenmoleküle sich nach dem Aufhören der äufseren Kraft-
wirkung wieder in ihre gewöhnliche Stellung zurückdrehen,
bei welcher die Molekularströme alle möglichen Richtungen
haben, mithin sich in ihrer Wirkung nach aufsen aufheben,
sodafs das Eisen unmagnetisch erscheint.

Diese Ampère'sche Hypothese des Magnetismus erklärt nun
auf das Ungezwungenste die von uns beobachteten Gesetze der
magnetischen Anziehung zwischen ungleichnamigen Polen und

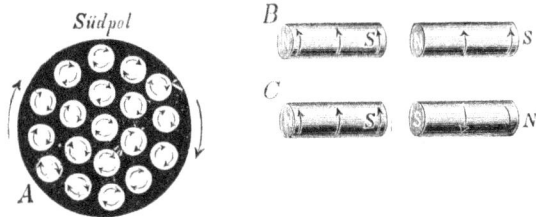

Fig. 33.
Richtung der Ampère'schen Molekularströme.

der Abstofsung gleichnamiger, denn im ersten Falle (B, Fig. 36)
sind die Ströme in den zugekehrten Polflächen einander gleichgerichtet parallel, dagegen im zweiten Falle (C, Fig. 33) entgegengesetzt. Ebenso ergeben sich die gegenseitigen Beziehungen
Richtung der zwischen elektrischen Strömen und Magneten als eine notwen-
Erdströme. dige Folge der Richtkraft, welche zwei elektrische
Ströme aufeinander ausüben. Fassen wir, nach Ampère,
die ganze Erdkugel als einen grofsen Magnet auf, dessen
nordsuchender Pol im Süden liegt, so müssen die Erdströme von Ost nach West (also mit der Sonne) gehen.

Die Einfachheit der Ampère'schen Hypothese ist bestechend,
allein bei näherer Betrachtung ergeben sich doch manche
Schwierigkeiten. Woher stammen z. B. diese beständigen
Molekularströme der Eisen- und Stahlmoleküle, und wodurch
erhalten sie sich konstant? Wir können die Annahme der

Molekularströme nur als einen geistreichen Versuch betrachten, die magnetischen und die elektrodynamischen Erscheinungen auf eine gemeinschaftliche Ursache zurückzuführen. Indessen liefert sie uns ein vortreffliches Hülfsmittel zur Orientierung. Denken wir uns z. B. einen vertikal stehenden stark magnetisierten Stahlstab (M, bei A Fig. 34) dessen nordsuchender Pol nach oben gerichtet ist, so bildet der umgebende Raum, soweit wir die magnetische Fernewirkung wahrnehmen können, das magnetische Feld des Magnets. Könnten wir nun, parallel zum Magnetstabe, einen sehr biegsamen, fadenförmigen

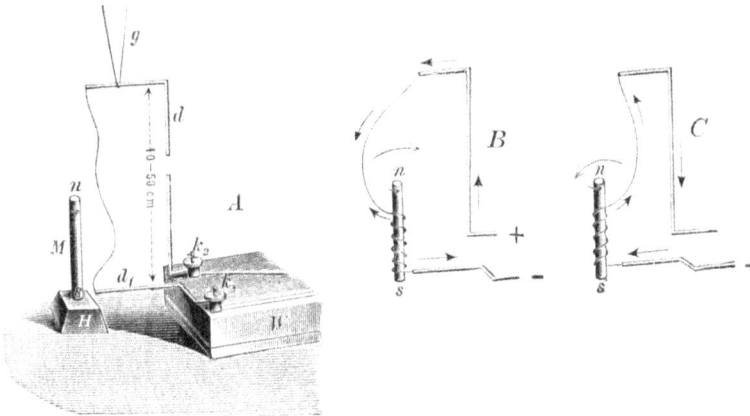

Fig. 34.
Wirkung eines Magnets auf einen beweglichen Stromleiter nach Lodge; modificiert.
$^1/_{10}$ natürl. Gröfse.

Stromleiter schlaff herabhängend anbringen, so müfste dieser Leiter das Bestreben zeigen, eine solche Lage anzunehmen, dafs der ihn durchfliefsende Strom den Molekularströmen gleichgerichtet parallel wird, also müfste der Leiter sich um den Magnetstab zu wickeln suchen! Das können wir probieren.

In die Klemmen des Stromwenders (A, Fig. 34; vergl. Fig. 21) befestige ich zwei rechtwinklig gebogene starke Drähte (d und d_1), von denen der letztere durch eine Gummischnur (g) gehalten wird. Die freien Enden, deren Abstand etwa 75 cm beträgt, sind durch einen feinen, platten Metallfaden (Anh. 4) von 85 cm Länge verbunden (f). Ich stelle den in einen Holzblock ein-

geklemmten Magnetstab (M) nahe zum schlaff herabhängenden
Stromleiter und schliefse den Strom — sofort wirbelt der Metallfaden um den Magnet und legt sich in Schraubenwindungen
an. Nun kehre ich den Strom um — der Faden wickelt sich
los, beschreibt einen grofsen Bogen und wickelt sich in umgekehrter Richtung um den Magnet (B, Fig. 34). Durch Herabdrücken des oberen Drahtendes (d) vermindere ich nach Bedarf die Spannung des Fadens, sodafs er bis 20 Windungen
um den Magnetstab beschreiben kann. Wenn Sie nun darauf
achten, dafs (wie beim Versuch Fig. 21) die Stromrichtung im
Faden durch den Zeiger des Stromwenders markiert ist, so
können Sie leicht erkennen, dafs der Faden sich immer so um
den mit dem Nordpol nach oben gerichteten Magnetstab wickelt,
dafs der Fadenstrom (von oben gesehen) in entgegengesetzter
Richtung den Stab umkreist, wie die Uhrzeiger sich bewegen.
Das Umgekehrte ist der Fall, wenn ich den Magnetstab wende,
also der Südpol nach oben gerichtet ist. In beiden Fällen
stellt sich thatsächlich der biegsame Leiter so, dafs
der Strom den hypothetischen Molekularströmen gleichgerichtet parallel wird!

                    *
               *   *

Die von uns beobachtete Wechselwirkung zwischen den
Magneten und dem elektrischen Strom läfst uns — an der Hand
der Ampère'schen Hypothese — den Zusammenhang zwischen
magnetischen und elektrischen Erscheinungen ahnen. Die Ablenkung der Magnetnadel bietet uns aber auch ein Hülfsmittel, um
die schwächsten elektrischen Ströme nachzuweisen. Apparate
dieser Art werden Stromprüfer oder Galvanoskope genannt.
    Das von uns schon benutzte Ampère'sche Gestell
(Fig. 35) kann uns hierbei gute Dienste leisten. An Stelle des
Quecksilberkontaktbechers setze ich ein leeres Glasröhrchen (g)
mit verengerter, glatter Öffnung. An das Haar hake ich einen
Aluminiumdraht (a), der einen kurzen Magnet (m), ein Stück
einer magnetisierten Stricknadel, trägt. Das obere Ende des
Aluminiumdrahtes ist durch einen Strohhalm (Z) gesteckt, der
als Zeiger dienen soll; das untere Ende reicht bis in die Glasröhre, wodurch ein Hin- und Herpendeln des Magnets vermieden wird.

Ein Ring aus starkem Kupferdraht (R) läfst sich so stellen, dafs der Magnet sich in seiner Mitte befindet. Nun schiebe ich die Papierskala (S) in die richtige Entfernung und drehe das ganze Gestell so, dafs der Magnet in der Ringebene schwebt. Da Sie sich westlich vom Apparat befinden, so können Sie leicht die Ablenkung der Magnetnadel an der Bewegung der Papierspitze (p) verfolgen (Fig. 38).

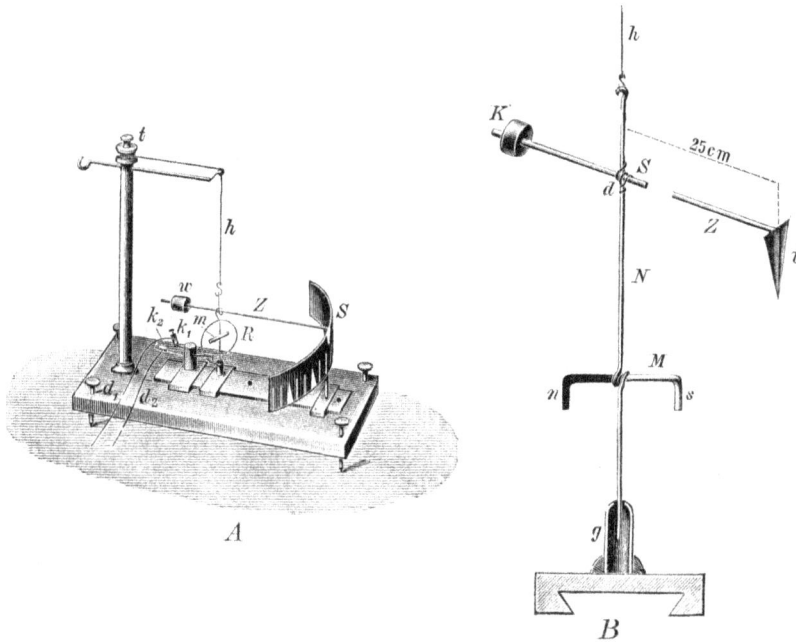

Fig. 35.

A Das Ampère'sche Gestell als Galvanoskop. $^1/_{10}$ natürl. Gröfse. Z Zeiger aus Stroh mit Papierspitze (p) und Gegengewichtchen (w) aus Kork. S grobe Skala (ein mit Papier über- zogener Zink-Blechstreifen). B Zweckmäfsige Form des Magnets (M). $^1/_2$ natürl. Gröfse.

Sie erinnern sich noch dessen, wie schwierig es war, das Vorhandensein von freier $+$ E und $-$ E an den Polen eines Elements nachzuweisen, da das so empfindliche Aluminium- Elektrometer bei direkter Berührung keinen Ausschlag gab, und erst bei Anwendung des Kondensators eine schwache La- dung zeigte.

Jetzt wende ich ein kleines Zink/Kohle-Elementchen der- selben Art an (vergl. Fig. 17), wie wir sie neulich benutzten.

Kaum berühre ich mit den Poldrähten des Elementchens die
Klemmen (k₁ u. k₂, Fig. 34) des Drahtringes, so schwingt die
Nadel heftig zur Seite, schwankt hin und her und stellt sich endlich fast rechtwinklig zur Drahtebene ein, indem der Zeiger
über die Skala hinausfährt.

Fig. 36.

Einfluſs der Windungszahl auf
die Gröſse des Ausschlages. ¹/₁₀
natürl. Gröſse. A einfacher Ring.
B Rahmen mit 10 Windungen (in
der Figur nur 3 sichtbar).

Nun achten Sie auf den Zeiger!
Ich hebe das durch einen Korken ge-
steckte Zinkstäbchen langsam aus der
Flüssigkeit — Sie sehen: der Ablenkungswinkel der Magnetnadel
wird um so kleiner, je kleiner
die eintauchenden Zink/Kohle-
Flächen sind. Jetzt, wo die beiden
Stäbchen die Flüssigkeit gerade noch
berühren, beträgt der Ausschlag kaum
3 Skalenteile (s. Fig. 35), ist also sehr
klein. Ein Kontrollversuch am
Elektrometer giebt denselben
Ausschlag, einerlei ob die Stäbchen kaum die Flüssigkeit berühren, oder fast ganz eintauchen! Was bedeutet das? Wir wissen,
daſs das Elektrometer die Differenz
des elektrischen Zustandsgrades der
freien Pole eines Elements, also die
elektromotorische Kraft des Elements miſst (vergl. S. 15) — — sollte
der Ausschlag der Magnetnadel beim
Galvanoskop etwas anderes bedeuten, also nicht von der
elektromotorischen Kraft abhängen?

Wir wollten das Galvanoskop als Stromprüfer benutzen
und seine Empfindlichkeit mit der des Elektrometers vergleichen,
gerieten aber zu widersprechenden Angaben beider Instrumente, was uns reizt, die Bedeutung der Angaben des
Galvanoskops zu studieren. Zuvor möchte ich Sie aber auf
ein Hülfsmittel aufmerksam machen, das uns gestattet, nötigen
Falls die Empfindlichkeit des Galvanoskops bedeutend
zu steigern.

Ich hebe das Zinkstäbchen wieder soweit aus der Flüssigkeit, dafs es sie kaum berührt, der Ausschlag ist sehr klein. Nun stelle ich einen anderen Ring (A, Fig. 36) ein, der kleiner ist, also der Magnetnadel näher steht — der Ausschlag ist schon etwas gröfser. Nun setze ich an seine Stelle einen Rahmen (B, Fig. 36), der aus 10 Windungen umsponnenen Kupferdrahtes besteht (in Fig. 36, B sind nur 3 Windungen angedeutet) — der Ausschlag wächst bedeutend.

Der Ausschlag nimmt zu mit der Anzahl Windungen des Drahtes, d. h. führen wir den elektrischen Strom in mehreren Windungen um die Magnetnadel, so wird die ablenkende Wirkung vervielfacht, daher nennt man einen solchen Apparat einen „Multiplikator" (Schweigger 1821).

*   *   *

Ehe wir unsere heutige Tagereise abschliefsen, möchte ich Ihnen noch, zum Vergleich, die magnetisierende Wirkung des durch die Influenzmaschine erzeugten Stromes zeigen.

Zwei gleiche Eisenstäbe umwickele ich mit je 15 nicht zu dichten Windungen von starkem Kupferdraht, der durch eine dicke Schicht von Guttapercha isoliert ist. Beide Stäbe klemme ich zwischen Gummistücke in Ständer so ein, dafs sie vertikal stehen. Durch den einen Draht leite ich den Strom eines Chromsäure-Elements, durch den anderen den der Influenzmaschine (wobei eine Funkenstrecke von 5—10 mm eingeschaltet sein muss).

Der Elektromagnet des Elements zeigt eine Tragkraft von über 8 Kilogramm — der der Influenzmaschine kaum $\frac{1}{5}$ Kilogramm, denn der mit einer Messingschale verbundene Anker wiegt mit dem zum Abreifsen erforderlichen Gewicht nicht einmal 200 g. — Sie sehen hieraus, dafs — in Bezug auf diese dynamische Wirkung — das Chromsäure-Element der Influenzmaschine bei weitem überlegen ist!

Unser heutiges Ziel ist erreicht. Nächstens wollen wir versuchen, das Rätsel zu lösen, welches uns in der Verschiedenheit der Angaben des Elektrometers und des Galvanoskops entgegentrat.

IV. Vortrag.

Neulich lernten wir einige Wirkungen des geschlossenen galvanischen Stromes kennen, der kontinuierlich den Leitungsdraht durchströmt, und verglichen die Vorgänge im Stromleiter mit den früher beobachteten an den Leitungsschnüren der diskontinuierlich wirkenden Influenzmaschine. Weitere Versuche lehrten uns eine Reihe neuer dynamischer Wirkungen. Fassen wir das Gesehene kurz zusammen:

Rückblick.

1. Wird der Strom einer Batterie von konstanten (hintereinander geschalteten) Elementen durch einen sehr feinen und langen Draht geleitet, der möglichst gleichförmig ist, so ist das Stromgefälle im Leiter konstant, d. h. je 2, gleich weit abstehende Punkte des Stromleiters haben die gleiche elektrische Niveaudifferenz.

2. Gleichgerichtete elektrische Ströme ziehen sich an, entgegengesetzt gerichtete stofsen sich ab, daher haben bewegliche Stromleiter das Bestreben, sich gleichgerichtet parallel zu stellen. Ist der Strom genügend stark, so stellt sich ein beweglich aufgehängter kreis- oder lockenförmiger Stromleiter (Solenoid) — wenn nur der Erdmagnetismus auf ihn einwirkt — so ein, dafs der (positive) Strom, von der Südseite aus gesehen, in der Richtung der Uhrzeiger fliefst.

3. Ein von elektrischen Strömen umkreistes Stück Eisen wird, solange der Strom währt, ein starker Magnet

(Elektromagnet). Magnete und bewegliche Stromleiter üben auf einander eine solche Richtkraft aus, dafs der elektrische Strom und die hypothetischen Ampère'schen Molekularströme sich gleichgerichtet parallel stellen. Die Molekularströme eines Magnets umkreisen diese — wenn man gerade auf den Südpol blickt — in dem Sinne der Uhrzeiger; demnach müssen die erdelektrischen Ströme von Ost nach West gerichtet sein.

Für die Ablenkung der Magnetnadel ergiebt sich hieraus folgende (modificierte) Regel nach Ampère: Halten wir die rechte Hand, mit der inneren Fläche der Magnetnadel zugekehrt, so an den ablenkenden Teil des Stromleiters, dafs der (positive) Strom von der Handwurzel zu den Fingerspitzen fliefst, so zeigt der ausgestreckte Daumen die Richtung des abgelenkten nordsuchenden Poles an.

Hieraus ergiebt sich leicht die Regel für die Stromrichtung:

Legen wir die *rechte* Hand so an den ablenkenden Teil des Stromleiters, dafs die innere Handfläche der Magnetnadel zugekehrt ist und der ausgestreckte Daumen die Richtung des abgelenkten *nordsuchenden* Poles markiert, so fliefst der (positive) Strom von der Handwurzel zu den Fingerspitzen hin.

*　*　*

Unsere nächste Aufgabe ist nun, die Angaben des Galvanoskopes genauer zu untersuchen.

Als wir daran gingen, die Erscheinungen der statischen Elektricität quantitativ zu vergleichen (I. Bd. S. 27), war unser erstes Bestreben, ein genügend empfindliches Elektroskop durch wiederholte Zuführung von gleichen Ladungen empirisch zu aichen, um dann aus den an der Aichungsskala abgelesenen Ausschlägen des Aluminiumblättchens auf die Stärke der Ladung (nach unseren willkürlichen Einheiten des Elektrisierungsgrades) schliefsen zu können. Auf diese Weise ging aus dem Elektroskop ein für unsere Zwecke brauchbares Elektrometer hervor. Sollten wir nicht auch imstande sein, das Galvanoskop zu aichen (graduieren) um auf diese Weise ein „Galvanometer" zu erhalten?

Da unser Ampère'sches Gestell nicht recht handlich ist, so wollen wir ein eigens für Demonstrationszwecke hergestelltes Galvanoskop (A, Fig. 37) benutzen, das einen in seinem Fuſs-

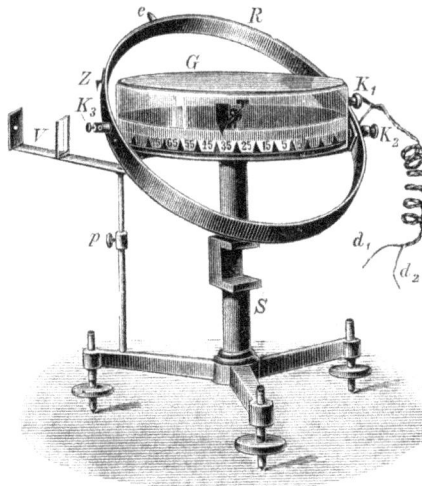

Fig. 37.
Demonstrations-Galvanometer (Sinus-Tangensbussole). $^1/_7$ natürl. Gröſse.

gestell drehbaren Messingständer (S) hat, der die Bussole mit der kurzen, auf einer Stahlspitze ruhenden Magnetnadel (B, Fig. 40) trägt. Die Magnetnadel ist — rechtwinklig zu ihrer magnetischen Achse — mit zwei langen Aluminiumzeigern versehen, deren mit farbigem Papier beklebte Enden dicht vor einer Gradteilung spielen, welche auf dem vertikalen Mantel eines Ringes angebracht ist, also von Ihnen bequem von der Seite gesehen werden kann.

Als ablenkender Stromleiter dient ein starker Kupferring (R), der um die horizontale Achse drehbar ist. Die sich nicht berührenden Enden des Ringes sind mit Klemmschrauben versehen (k_1 und k_2). Das am Fuſsgestell befestigte Visier (V) wird zur genaueren Ablesung der Gradteilung benutzt und markiert zugleich eine etwaige Drehung des Ständers.

Um die Gradteilung weiterhin sichtbar zu machen, sind die Teilstriche bei 0⁰, 10⁰, 20⁰ . . . durch Dreiecke markiert, welche bei 0⁰, 30⁰, 60⁰ und 90⁰ rot, bei den übrigen schwarz gefärbt sind (G, Fig. 40).

Jetzt wende ich die Bussole so, daſs das feste Visier (V) genau auf 0⁰ weist, drehe den ganzen Apparat samt dem Fuſs- gestell langsam, bis auch beide Zeiger auf 0 einstehen[8]), und richte den Kupferring (R) vertikal. Die Klemmschrauben (K₁K₂) verbinde ich durch biegsame, umsponnene Leitungsdrähte mit dem Stromwender und diesen mit einem sehr konstanten Flee- ming'schen Element (Fig. 38). Bei diesem taucht chemisch reines Zink in eine Lösung von Zinkvitriol und Kupfer in

Normal-Daniell
nach
Fleeming.

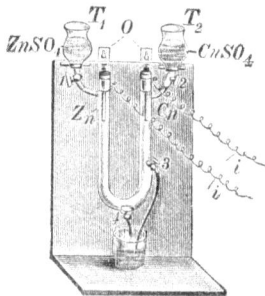

Fig. 38.
Fleeming'scher Normal-Daniell zum Graduieren des Galvanometers. ⅕ natürl. Gröſse.

eine Lösung von Kupfervitriol, wobei durch Hähne (1 und 2) frische Lösung zuflieſst, während durch einen dritten Hahn (3) die verbrauchte Lösung abtröpfelt, wodurch eine auſsergewöhn- liche Beständigkeit dieses Elements erzielt wird. [Der vierte Hahn (4) dient zum Entleeren des Apparats.]

Ich schlieſse den Strom — der Ausschlag beträgt, nachdem die Nadel sich beruhigt hat, 12,5⁰. Nun neige ich langsam den Kupferring (R, Fig. 37) — der Ausschlag nimmt stetig ab und

---

[8]) Durch Sorgfalt des Mechanikers ist der Stahlstift, auf welchem die Magnetnadel schwebt, sehr genau im Teilkreise centriert, und ich habe die Stellung der Zeiger so reguliert, daſs beide Zeigerenden kaum um 0,1⁰ (konstant) abweichen. Diese Differenz kann bei unseren Versuchen über- sehen werden, daher brauchen wir späterhin für jede Stromrichtung nur 1 Ablesung zu machen.

wird endlich $= 0$, wenn ich den Ring genau horizontal stelle.
Wir haben es also an der Hand, den Ablenkungswinkel der
Nadel innerhalb der Grenzen 0^0 und $12{,}5^0$ beliebig grofs zu
machen. Wählen wir z. B. 10^0 — — so! Nun ist diese Ablenkung erreicht. Ich schraube den Ring in dieser Lage fest
(vermittelst einer Vorrichtung an der Klemmschraube k_3,
Fig. 40) und wende den Strom. Die Zeiger drehen sich nach der
anderen Seite und bleiben bei $9{,}6^0$ stehen[9]). Offenbar liegt
die Verbindungslinie beider Zeigerenden nicht genau
senkrecht zur magnetischen Achse der Magnetnadel,
doch thut das nichts; wir brauchen nur die Ablenkungen für
beide Richtungen des Stromes zu notieren und das Mittel
aus beiden Ablesungen zu nehmen. [Sollten die beiden Zeigerenden nicht genügend genau auf gleichen Teilstrichen der Gradskala einspielen, so erhält man für die eine Stromrichtung
2 Ablesungen a_1 und a_1' und für die andere a_2 und a_2'. Dann
ist der wahre Wert des Ablenkungswinkels das Mittel aus den
4 Einzel-Ablesungen, also $a = (a_1 + a_1' + a_2 + a_2')/4$.]

Jetzt können wir an die Graduierung (Aichung) des
Galvanoskops gehen. Als Einheit der galvanoskopischen Stromwirkung soll uns diejenige dienen, welche unser Fleeming'scher
Normaldaniell liefert. Es kommt nun darauf an, den Versuch
so anzustellen, dafs die Nadel ohne Strom die gleiche Ablenkung erfährt, also bei einem neuen Stromdurchgang die gal-
vanoskopische Wirkung sich zur vorhergehenden addiert, mithin verdoppelt, bei dreimaligem verdreifacht wird, u. s. w.

Ich stelle das Galvanoskop (G, Fig. 39) auf ein niedriges
Tischchen der optischen Bank (a b), genau über den Nullpunkt
der Millimeterskala. Nun gebe ich der optischen Bank die
Richtung von Ost nach West, d. h. eine solche, dafs die Alu-
miniumzeiger (z z Fig. 39, B) ihr parallel stehen, und drehe
die Bussole so, dafs die Zeiger und das feste Visier (v) genau
auf 0^0 zeigen. Ich schliefse den Strom, der Ausschlag beträgt 10^0.
Jetzt unterbreche ich den Strom, lege zwei lange Stabmagnete
(m_1 m_2) auf passende Ständer und nähere sie langsam, bis derselbe Ausschlag $a_1' = 10^0$ erzielt ist, darauf schliefse ich den

---

[9]) Die Zuleitungsdrähte am Galvanometer (Fig. 37) sind umein-
andergedreht, um einer etwaigen ablenkenden Wirkung derselben vor-
zubeugen.

Strom [in derselben Richtung, wie Sie an dem Zeiger des Stromwenders erkennen]. Der zweite Ausschlag $a_2' = 19,8^0$. In gleicher Weise erhalten wir $a_3' = 27,9$; $a_4' = 35,1$; $a_5' = 41,5$ u. s. w. Sie erkennen leicht, dafs die Abstände zwischen den Aichungsgraden immer kleiner werden, d. h. die Ausschläge des Galvanoskops sind nicht proportional der ablenkenden Wirkung des Stromes — ebensowenig, wie es beim Elektrometer der Fall war.

Auf die angegebene Weise graduieren wir das Galvanoskop bis in die Nähe von 70^0 vom Nullpunkt, wo die Zunahme zu

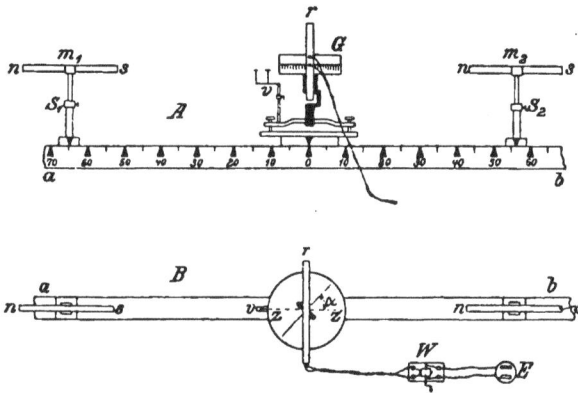

Fig. 39.
Graduierung eines Galvanoskops mit Hülfe zweier Magnete in der Ost-Westlage.
$^1/_{20}$ natürl. Gröfse. A Seitenansicht; B Ansicht von oben.

gering ist, daher brechen wir ab. Nun wiederholen wir die ganze Messung bei umgekehrter Stromrichtung, wobei die Nadel nach der anderen Seite ausschlägt. Bezeichnen wir jetzt die Ausschläge mit a_1'', a_2'', $a_3'' \ldots$, so erhalten wir die wahre Ablenkung, wenn wir aus den entsprechenden Ausschlägen beider Stromrichtungen das Mittel nehmen, z. B. $a_1 = (a_1' + a_1'')/2$; $a_2 = (a_2' + a_2'')/2$ u. s. w. Wir haben nur noch nötig, die bei der Graduierung erhaltenen Skalenpunkte in geeigneter Weise zu markieren, um eine Aichungsskala zu erhalten, welche uns beim Galvanoskop dieselben Dienste leisten kann, wie die Skala des Elektrometers bei diesem. (Anh. 7.)

Bei einer früheren Versuchsreihe erhielt ich im Mittel aus mehreren Messungen:

i	1	2	3	4	5	6	7	8	9	10	11	12	13	14	15	16	17	18	19	20
a	7,5	14,7	21,5	27,6	33,4	38,3	42,7	46,5	49,8	52,7	55,4	57,7	59,8	61,5	63,1	64,5	65,9	67,1	68,2	69,2

Aichungsskala des Galvanometers. Um die Aichungsskala für unser Galvanoskop zu entwerfen, entferne ich zunächst den Glasdeckel der Bussole und die Nadel, hebe den Ring mit der Gradskala ab[10]) und lege einen 12 mm breiten Streifen Zeichenpapier straff gespannt herum. Da dieser Reif 30 mm hoch ist, so bleibt über dem Papierstreifen die ganze Gradskala mit den Spitzen der Dreiecke sichtbar; ich kann also bequem auf dem Papierstreifen die betreffenden Punkte der Aichungsskala eintragen (Fig. 40). Da aber das Zeichnen der

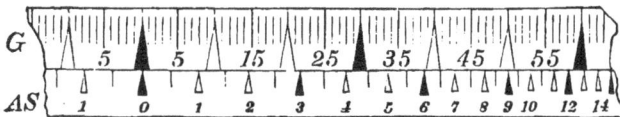

Fig. 40.
Stück der Aichungsskala (AS) des Galvanometers auf der (vertikalen) Gradskala (G)
so befestigt, daß diese sichtbar bleibt. 1/2 natürl. Gröſse.

Skala zu zeitraubend wäre, weil sie zu beiden Seiten von jedem der beiden Nullpunkte (im ganzen also viermal) entworfen werden muſs, so befestige ich lieber eine fertige Aichungsskala, die ich schon früher auf Grund der erwähnten Messungen gezeichnet habe. Bevor ich aber die Enden des Papierstreifens mit etwas Klebwachs befestige, überzeuge ich mich davon, daſs die Nullpunkte beider Skalen übereinstimmen.

Wir können nun nach Belieben die Grad- oder die Aichungsskala verwenden, wollen uns aber vorläufig nur der letzteren bedienen. Auf solche Weise ist unser Galvanoskop ein Meſs-instrument geworden, das wir **Galvanometer** nennen wollen, wiewohl wir vor der Hand nur wissen, daſs wir vermittelst desselben lediglich eine **ablenkende Wirkung des galvanischen Stromes** prüfen können.

---

[10]) Durch eine Marke auf der inneren Seite des Ringes und an der Bussole kann der Ring leicht wieder in die richtige Stellung gebracht werden.

In welcher Beziehung steht nun diese Wirkung des Stromes zur Größe oder zur Gruppierung (Schaltung) der Elemente? Dieses weiter zu verfolgen, soll nun unsere Aufgabe sein.

*   *   *

Hier stehen drei Tauchelemente, von denen eines in Fig. 41 wiedergegeben ist. Die beiden Kohlenplatten sind unter sich und mit der Klemmschraube (C) verbunden und tauchen in eine mit Schwefelsäure versetzte Lösung von doppeltchrom-

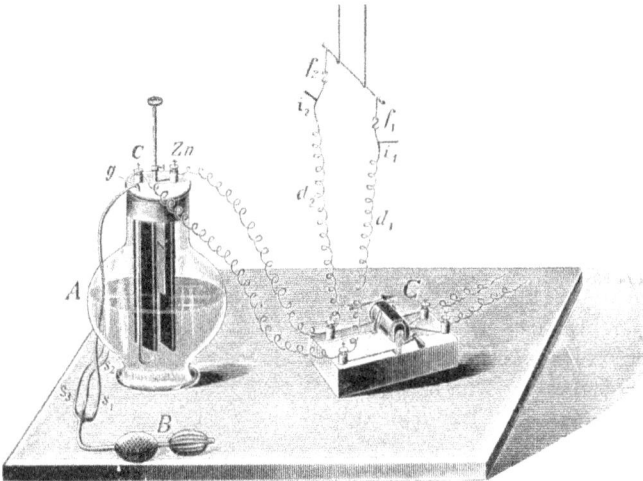

Fig. 41.

Tauchelement A [mit Blasebalg (B) an der Glasrohrgabel, für 3 Elemente gleichzeitig wirkend]. Die Nebendrähte (d₁ d₂) am Stromwender (C) dienen für elektrometrische Messungen (und sind für gewöhnlich isoliert angehängt).

saurem Natrium (Anh. 3), während die kleinere Zinkplatte (Zn) vermittelst des Messingstabes (m) mehr oder weniger tief eingetaucht, oder ganz aus der Flüssigkeit gehoben werden kann, wodurch der Strom unterbrochen wird.

Das Rohr in der Mitte des Deckels ist mit der anderen Klemmschraube (Zn) leitend verbunden. Durch den Ebonitdeckel ist ein Glasrohr eingeführt, das unterhalb der Kohlenplatten in eine sehr feine Spitze ausläuft und dazu dient, vermittelst des Blasebalgs (B) Luft einzublasen, um die Flüssigkeit umzurühren, während der Strom geschlossen ist. Auf solche Weise wird das sonst ziemlich unbeständige Tauchelement recht konstant, was wir daraus erkennen, dafs bei dem in den Stromkreis geschalteten Galvanometer der Ausschlag der Nadel — ohne Anwendung des Gebläses — stetig abnimmt, dagegen während des Blasens lange Zeit unverändert bleibt.

Wir wollen jetzt und später, zur Kontrolle, die elektromotorische Kraft am Elektrometer bestimmen. Zu diesem Behufe befestige ich an den Klemmschrauben des Stromwenders (C, Fig. 41), die mit den Poldrähten der Elemente verbunden sind, zwei feine Nebendrähte (d_1 d_2), die mit isolirenden Siegellackgriffen (i) versehen sind. Diese führe ich, nachdem der Strom durch den Kommutator unterbrochen worden ist, zu den Kondensatorplatten des Elektrometers. Beim Nichtgebrauche hake ich sie in Ringe, die an Seidenfäden (f_1 f_2) von der Decke herabhängen.

Wir erhalten am Elektrometer für die drei Elemente, (deren Zinkplatten nur etwas eintauchen) I = 1,8; II = 2,0; III = 1,9 Volt). Nun drehe ich den Stromwender, dafs der Strom geschlossen wird, also durch das Galvanometer fliefst — der Ausschlag beträgt gegen 3 Aichungsgrade, wenn der Kupferring der Bussole vertikal steht. Durch Neigen des Ringes vermindere ich den Ausschlag, bis er genau = 2 Aichungsgraden wird[11]). Nun schraube ich den Ring fest und schalte das II. Element ein. Die Ablenkung ist = 2,8; also etwas grösser. Um die Ausschläge gleich zu machen, brauche ich nur die Zinkplatte langsam zu heben — so! Nun ist a_2 ebenfalls = 2. Ebenso verfahre ich mit dem III. Element. Jetzt sind alle drei Tauchelemente galvanometrisch gleich stark (dagegen sind die elektromotorischen Kräfte unverändert geblieben).

Nun können wir mit der Messung beginnen.

Das I. Element giebt bei der obigen Kommutator-Stellung 2,0 und bei der anderen 1,8; also im Mittel **1,9.** Dasselbe ist beim II. und III. Element der Fall.

Da unsere Klemmen (k, Fig. 42) eine bequeme Form haben, so können wir die Elemente durch Einklemmen von Kupferblechstreifen leicht hintereinander (A) oder parallel (B) schalten.

---

[11]) Falls der Ring des Galvanometers nicht drehbar ist, so müssen kleinere Elemente genommen werden, oder man kann eine passende Flüssigkeitssäule einschalten (s. w. u. S. 73).

Ich habe die Ausschläge am Galvanometer absichtlich so reguliert, dafs für 1 Element die Angabe beider Apparate möglichst übereinstimmt, wodurch ein unmittelbarer Vergleich möglich ist. Fig. 42 zeigt die Schaltung für alle 3 Elemente.

Zwei hintereinander geschaltete Elemente geben im Galvanometer (im Mittel aus beiden Stromrichtungen) *1,9,* d. h. genau dasselbe, wie 1 Element. Dasselbe ist bei 3 Elementen der Fall, wogegen am Elektrometer der Ausschlag mit der Anzahl der Elemente wächst (vergl. S. 34).

Wirkung
kurzer, dicker
Leitungsdrähte.

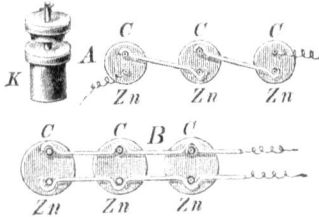

Fig. 42.
A bequeme Schaltung hintereinender, B parallel, K eine Pressschraube von den Tauchelementen. $\frac{1}{2}$ natürl. Gröfse.

Nun schalte ich 2 Elemente parallel. Das Galvanometer zeigt jetzt *3,8,* das Elektrometer 1,9. Also haben wir am Galvanometer die doppelte Wirkung, wie bei 1 Element. Für 3 Elemente ist der Ausschlag = *5,75,* also fast genau dreimal grösser. Eine kleine Tabelle wird die Übersicht erleichtern.

I. Kurze, dicke Leitungsdrähte.

Anzahl der Elemente	A. Galvanometer		B. Elektrometer	
	Schaltung		Schaltung	
	hinter-einander	parallel	hinter-einander	parallel
1	1,9	1,9 $= a_1$	(1,9)	(1,9)
2	1,9	3,8 $= 2 \cdot a_1$	3,8	1,9
3	1,9	5,75 $= 3 \cdot a_1$ (fast)	5,6	1,95

Ein Blick auf diese Tabelle lehrt, dafs hier die galvanometrische Wirkung des Stromes in einem Gegensatz zu der

elektrometrischen steht. Während hier die elektromotorische
Kraft in geradem Verhältnis zur Anzahl der hintereinander
geschalteten Elemente steht, ist die galvanometrische
Wirkung bei parallel geschalteten Elementen der Anzahl der Elemente proportional, bleibt dagegen bei
der „Schaltung, hintereinander" unverändert. Wir
haben hierbei kurze, dicke Leitungsdrähte benutzt. Es wäre
vorschnell, wollten wir aus dieser einen Beobachtungsreihe
schon auf das Gesetz der Stromwirkung schließen; vielmehr
müssen wir die Nebenumstände berücksichtigen. Welchen
Einfluß haben z. B. die Leitungsdrähte?

Ein Teil des langen Neusilberdrahtes, den wir schon benutzten
(Fig. 19), möge (vor dem Stromwender) in den Stromkreis eingeschaltet sein — der Ausschlag wird am Galvanometer sofort viel
kleiner (bleibt aber am Elektrometer unverändert!). Kaum gelingt es mir, durch Aufrichten des Bussolen-Ringes den Ausschlag für 1 Element auf die vorige Höhe (1,9) zu bringen. Wir
erhalten

II. Feiner, langer Neusilberdraht eingeschaltet.

Anzahl der Elemente	A. Galvanometer		B. Elektrometer	
	hinter- einander	parallel	hinter- einander	parallel
1	1,9	1,9	1,9	1,9
2	2,2	3,5	3,8	1,9
3	2,7	4,9	5,7	1,85

Wir erkannten sofort, daß die galvanometrische Wirkung des Stromes durch Einschaltung eines feinen
und langen Neusilberdrahtes sehr geschwächt wird,
gerade so, als hätten wir bei jedem Element die Zinkplatte zum
Teil aus der Chromsäure gehoben, also die wirksame Berührungsfläche verkleinert. (Dagegen ist die am Elektrometer
gemessene elektromotorische Kraft unverändert geblieben.) Die
Tabelle II zeigt uns ferner, daß die für eine kurze
Leitung beobachtete Proportionalität zwischen der
Anzahl der parallel geschalteten Elemente und der
Ablenkung (an der Aichungsskala) nicht mehr besteht,

und daſs ferner durch Schaltung hintereinander der Ausschlag
wächst!

Es macht den Eindruck, als ob der dünne, lange Draht Widerstand.
dem Durchflieſsen der Elektricität einen Widerstand entgegensetzt, wodurch die galvanometrische Wirkung des Stromes ge-
dämpft wird. Wir wissen bereits aus der statischen Elektricität, daſs die verschiedenen Körper die Elektricität verschieden gut leiten, und wir unterschieden gute Leiter (Metalle), schlechte Leiter (Holz, Hanfschnur u. s. w.) und Nichtleiter oder Isolatoren (Ebonit, Glimmer u. a.). Sollte am
Ende die Leitungsfähigkeit der Drähte von ihrer Länge
und Dicke abhängen? Diese Frage ist sehr wichtig, doch wollen
wir vorher über die Angaben des Galvanometers ins Reine zu
kommen suchen.

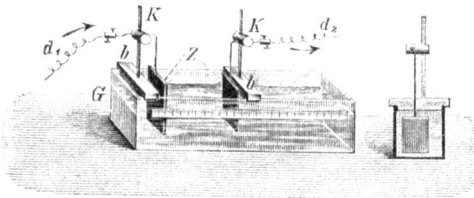

Fig. 43.
Stromdämpfer. $^1/_7$ natürl. Gröſse. (2 verstellbare, amalgamierte Zinkplatten in Zink-
vitriol-Lösung), an der Glaswand eine Papier-Millim.-Skala.

In diesem gläsernen Troge (Fig. 43) sind auf Holzbänkchen
2 amalgamierte Zinkplatten verstellbar angebracht und mit
Klemmschrauben für die Leitungsdrähte (d_1 d_2) versehen. Ich
gieſse eine Lösung von Zinkvitriol ($ZnSO_4$) in Wasser in den
Trog und schalte diese Flüssigkeitssäule in den Stromkreis
statt des Neusilberdrahtes ein — der Ausschlag wird fast unmerklich klein. Nun schiebe ich langsam das Bänkchen (rechts)
näher ... der Ausschlag wächst stetig, um sprungweise noch
etwas anzusteigen, wenn die Platten sich berühren. Der Ausschlag ist in diesem Falle genau so groſs, wie bei der kurzen
Drahtleitung (Tab. I) allein. Wir sind also mit Hülfe dieses Stromdämpfer.
„Stromdämpfers" imstande, den Strom beliebig zu schwächen.

Ich rücke die Zinkplatten des Stromdämpfers soweit auseinander, daſs der Ausschlag für 1 Element nur 0,5 Aichungsgrade beträgt. Bei umgekehrter Stromrichtung erhalten wir 0,4,
also im Mittel $a_1 = 0,45$. Wir wollen die Versuchsreihe noch-

mals wiederholen und die Resultate gleich tabellarisch nieder-
schreiben.

III. Eine Flüssigkeitssäule eingeschaltet.

Anzahl der Elemente	A. Galvanometer		B. Elektrometer (elektromotor. Kraft)	
	Schaltung		Schaltung	
	hinter-einander	parallel	hinter-einander	parallel
1	$0,45 = a_1$	0,45	$1,9 = v_1$	1,9
2	$0,9 = 2a_1$	0,45	$3,8 = 2v_1$	1,9
3	$1,34 = 3a_1$	0,46	$5,75 = 3v_1$	1,9

Wir sehen hieraus, daſs die Einschaltung der Flüssigkeitssäule nicht nur die galvanometrische Wirkung des Stromes
herabsetzt, sondern auch, daſs jetzt die Wirkungsweise der
Schaltung (hintereinander oder parallel) eine entgegengesetzte
ist, wie vorhin (Tab. I), wo nur kurze dicke Drähte die Leitung bildeten, d. h. die galvanometrische Wirkung des
Stromes ist bei Einschaltung einer längeren Flüssigkeitssäule in die Leitung proportional der Anzahl
hintereinander geschalteter Elemente, während die
parallele Schaltung ohne Einfluſs ist. Die Stromwirkung
hängt nur noch von der elektromotorischen Kraft ab. Würden
wir statt der Flüssigkeitssäule einen sehr feinen Draht von ent-
sprechender Länge verwenden, so wäre das Resultat genau
dasselbe.

Stromstärke
und
Widerstand.

Nennen wir vorläufig die Ursache der galvano-
metrischen Wirkung des Stromes die *Stromstärke* und
die Ursache der dämpfenden Wirkung, welche der
Stromleiter ausübt, den *Widerstand*, so können wir sagen,
daſs wir zuerst (Tab. I) einen sehr kleinen und jetzt (Tab. III)
einen sehr groſsen Widerstand in dem Stromleiter hatten,
und finden:

1. Die Stromstärke ist um so kleiner, je gröſser der
   Widerstand im Stromleiter ist.
2. Bei sehr kleinem Widerstande des Leiters ist
   die Stromstärke proportional der Anzahl parallel geschalteter, bei sehr groſsem Wider-

stande dagegen der Anzahl hintereinander geschalteter Elemente (in beiden Fällen hat die
andere Schaltungsweise keinen Einfluſs auf die Stromstärke).

Wie sollen wir uns diesen Widerspruch erklären? Offenbar
hat der elektrische Strom, je nach der Schaltungsweise, einen
anderen Charakter. Was bedingt nun die Stromstärke,
oder die „galvanometrische Wirkung“, wie wir anfangs, in Ermangelung eines zutreffenderen Ausdrucks sagten?

Wir sahen, daſs die elektromotorische Kraft (die
Potentialdifferenz an den freien Polen der Elemente) ganz
unabhängig von der Gröſse der eintauchenden Platten oder dem Widerstande der Leitungsdrähte ist (wenigstens
innerhalb der von uns beobachteten Grenzen), und nur von
der Natur der betreffenden Metalle und Flüssigkeiten bedingt
wird. Denken Sie sich die eintauchenden Zinkplatten an der
Oberfläche in ☐ Millimeter geteilt und — bildlich gesprochen —
von jeder dieser Flächeneinheiten einen elektrischen „Strahl“
von gleicher (elektromotorischer) Kraft ausgehend, so wird die
Summe dieser „Stromstrahlen“ die ganze in Bewegung gesetzte
Elektricitätsmenge, d. h. den elektrischen Strom selbst dar-
stellen. Hierbei ist es natürlich gleichgültig, wie wir die
„Stromstrahlen“ gruppieren, ob wir sie alle von einer einzigen
groſsen Platte oder von mehreren kleineren Platten von gleicher
Gesamtfläche ausgehen lassen, d. h. ob wir ein einziges groſses
Element nehmen, oder mehrere kleinere, deren Zink- und
Kohlenpole unter sich verbunden sind. Bei paralleler
Schaltung der Elemente werden Stromstrahlen von gleicher
Stärke summiert, es wächst daher die Elektricitätsmenge,
dagegen bleibt das Stromgefälle (die elektromotorische Kraft)
unverändert. Vielleicht wird das Ihnen einleuchtender, wenn
Sie an die leichter zu übersehenden Vorgänge bei einem
Wasserstrome denken.

Stellen Sie sich einen horizontalen ringförmigen Kanal vor Hydro-
dynamische
Erscheinungen.
(vergl. Fig. 5, S. 11), der an einer Stelle durch ein Rohr ge-
schlossen ist, in welchem ein Flügelrad mit gleichbleibender
Kraft das Wasser vorwärts treibt, sodaſs im Kanal eine konstante Strömung entsteht. Wie wir bereits (S. 12) wissen, muſs
sich in diesem Falle ein gleichmäſsiges Gefälle bilden, d. h.

die Niveaudifferenz für gleichweit abstehende Punkte
der Strombahn ist konstant. Dasselbe beobachteten wir
beim elektrischen Strom (S. 14).

Was wollen wir nun unter der Stromstärke verstehen?
Auf diese Frage können wir verschiedene Antworten geben,
je nach dem Maſsstabe, den wir anwenden. Das Einfachste
wäre: wir bestimmen die Geschwindigkeit der Strömung, d. h.
die von den Wasserteilchen in 1 Sekunde zurückgelegte Strecke,
und messen den Querschnitt des Stromes; dann ist **die Wassermenge, die in 1 Sekunde durch den Querschnitt
flieſst, das gesuchte Maſs der Stromstärke.**

Begriff der
Stromstärke
bei Wasser-
strömen.

$$\text{Stromstärke} = \text{Wassermenge per Sekunde} = \text{Geschwindig-}$$
$$\text{keit} \times \text{Querschnitt.} \quad \ldots \ldots \ldots \quad (1)$$

Diese Wassermenge entspricht nun dem Volumen nach
einer Wassersäule, deren Länge die von der Strömung in
1 Sekunde zurückgelegte Strecke, und deren Grundfläche der
Querschnitt des Stromes ist. Wir könnten aber ebenso gut statt
des Volumens das Gewicht dieser Wassersäule bestimmen,
wir hätten:

$$\text{Stromstärke} = \text{Gewicht des Wassers per Sekunde.} \quad . \quad . \quad (2)$$

Das Verhältnis dieser beiden Maſse der Stromstärke ist
bestimmbar, wird aber keineswegs durch eine einfache, d. i.
unbenannte Zahl ausgedrückt[12]).

Wir könnten aber mit demselben Recht den Arbeitswert
(die Energie) des Stromes messen, indem wir zunächst die
Energie (die Arbeitsfähigkeit) eines Wasserstrahles von gleicher
Geschwindigkeit und 1 ☐ cm Querschnitt zu bestimmen suchen.
Dann giebt uns das Produkt der erhaltenen Energie mit dem
Querschnitt des Stromes (in ☐ cm) ein Maſs für die Strom-
stärke.

$$\text{Stromstärke} = \text{Energie des Stromes} = \text{Energie per ☐ cm} \times$$
$$\times \text{Querschnitt (in ☐ cm).} \quad \ldots \ldots \quad (3)$$

---

[12]) Ein Quecksilberstrom werde in Gramm per Sekunde und in
Kubikcentimeter per Sekunde gemessen. Erhalten wir im ersten Fall
z. B. 1359 Gramm, und im zweiten 100 ccm, so ist das Verhältnis beider
Maſse 1359 g / 100 ccm = 13,59 g und entspricht dem Gewicht von 1 ccm,
d. h. dem specifischen Gewicht des Quecksilbers. (E. Mach, Leit-
faden d. Phys. für Studierende II. Aufl. 1891, S. 222.)

Ich habe Ihnen absichtlich gezeigt, daſs bei den verhält-
nismäſsig einfachen Vorgängen, die ein Wasserstrom darbietet,
die Stromstärke in verschiedener Weise gemessen
werden kann. Es wird Sie daher nicht wundern, wenn wir
für den weit komplicierteren elektrischen Strom noch andere
Stromstärke-Maſse kennen lernen werden als die beobachtete
„galvanometrische Wirkung".

Was geschieht, wenn wir mehrere Kanäle, in denen das
Wasser mit gleichem Gefälle (also gleicher Geschwindigkeit)
flieſst, zu einem Strom vereinigen? Offenbar wird das Gefälle,
oder die Geschwindigkeit, unverändert bleiben, dagegen ist
der Querschnitt des Stromes gröſser geworden. Die Wassermenge, welche per Sekunde durch den Hauptkanal flieſst,
wird gleich der Summe der entsprechenden Wassermengen in
den einzelnen Kanälen sein, d. h. die Stromstärke wird
mit der Anzahl der vereinigten Kanäle wachsen,
genau so, wie wir es bei den galvanischen Elementen bei
paralleler Schaltung beobachteten, als wir kurze dicke Leitungsdrähte anwandten, welche dem Durchgange der Elektricität
keinen merklichen Widerstand entgegensetzten.

Sehr störend für die weitere Vergleichung der Erschei-
nungen bei Wasserströmen und bei elektrischen Strömen ist der
Umstand, daſs eine Bodensenkung bei einem Wasserkanal ein
Gefälle hervorruft, das von der „aquamotorischen Kraft" des
Flügelrades in unserem gedachten Beispiel (S. 11 und 19) unabhängig ist, während es für den elektrischen Strom
kein Oben und kein Unten giebt, die Lage (und
Form) des Stromleiters also völlig gleichgültig ist.
Darum betonte ich Ihnen gegenüber mehrfach, daſs unsere
hypothetischen Wasserkanäle horizontal sein sollten (und daſs
wir von der Reibung absehen). Lassen wir das Wasser, statt
durch offene Kanäle, durch Röhren flieſsen, so erhalten wir
ein ganz anderes Bild. Leiten wir z. B. Wasser aus einem
hoch gelegenen Reservoir durch Röhren nach einem tiefer gelegenen Orte, so wird der Druck des ausströmenden Wassers
(oder die Stromgeschwindigkeit) von dem Niveau-Unter-
schiede abhängen, aber — wenn wir von der Reibung absehen — von der Länge der Röhrenleitung unabhängig sein.
Sie erinnern sich noch, daſs bei geöffnetem Strom die elek-

trische Niveaudifferenz (Potentialdifferenz) der Poldrähte einer
Batterie von der Länge der Leitungsdrähte unabhängig war
(wenigstens innerhalb der von uns beobachteten Grenzen).

Nennen wir die das Wasser treibende Kraft — einerlei,
ob sie durch ein Flügelrad oder durch eine Niveaudifferenz
hervorgerufen wird — die „aquamotorische Kraft", so erhalten
wir ein neues Maſs für die Stromstärke.

$$\text{Stromstärke} = \text{Wassermenge} = k \times \text{aquamot. Kraft} \times$$
$$\times \text{Querschnitt} \quad \ldots \ldots \ldots \ldots \quad (4)$$

Hier bedeutet k eine konstante Zahl, die von den ange-
wandten Maſsen abhängt und die Beziehung zwischen der
aquamotorischen Kraft und der Stromgeschwindigkeit angiebt.

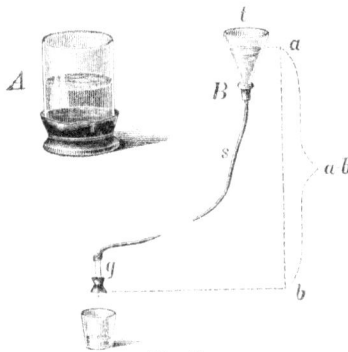

Fig. 44.
Wirkung eines groſsen Widerstandes auf das Flieſsen des Wassers. A bei kleiner,
B bei groſser Niveaudifferenz. $^1/_{10}$ natürl. Gröſse.

Um Ihnen ein wenn auch grobes Bild von dem Falle vor-
zuführen, wo ein groſser Widerstand den Wasserstrom
dämpft, benutze ich eine einfache Vorrichtung, die ich Ihnen
hier vorlege (Fig. 44). Ein cylindrisches Glasgefäſs (A) mit
ausgebogenen Rändern, dessen Boden abgesprengt worden, ist
mit mehreren Lagen durchnäſsten Baumwollenzeuges über-
spannt. Ich gieſse Wasser in das Gefäſs, etwa 8 cm hoch —
es flieſsen nur langsam einzelne Tropfen aus, wiewohl die
Wassersäule auf dem Zeugboden einen ziemlich groſsen Querschnitt hat (etwa 300 □ cm).

Eine andere Versuchsanordnung zeigt B, Fig. 47. Eine
Glasröhre (g) ist in gleicher Weise mit Baumwollenzeug ge-

schlossen, aber durch einen langen Schlauch (s) mit einem
Trichter (t) verbunden. Ich giefse in diesen Wasser und hebe
ihn langsam höher — — Sie sehen, wie bei wachsendem Wasser-
druck immer öfter Wassertropfen hervorquellen und schliefslich
ein kontinuierlicher dünner Wasserstrahl entsteht. Hier ist
also die Stromstärke — wenn ich mich so ausdrücken darf
— nicht mehr abhängig von dem Querschnitt der
Wassersäule, sondern in erster Linie von dem Wasser-
drucke, d. h. von der Niveaudifferenz (a—b). Sie haben hier
den analogen Fall zur Schaltung der Elemente hintereinander,
bei Einschaltung eines sehr grofsen Widerstandes.

⁂

Wir nehmen (vergl. S. 75) zum Mafs der Stromstärke bei
galvanischen Elementen die Elektricitätsmenge, welche in 1
Sekunde durch einen (beliebigen) Querschnitt der Stromleitung
fliefst:

Stromstärke = Elektricitätsmenge per Sekunde.

Wir wollen jetzt untersuchen, welchen Einflufs die elektromotorische Kraft und die Beschaffenheit des Leiters auf die
Stromstärke hat.

Bei unserem Versuch mit der eingeschalteten Flüssigkeitssäule (Fig. 43, S. 73) sahen wir, dafs eine Flüssigkeitssäule viel
stärker den Strom dämpft als ein metallischer Leiter. Wir
können daher sagen: Flüssigkeiten sind schlechtere Leiter der
Elektricität, oder sie bieten dem elektrischen Strom einen
gröfseren Widerstand als die Metalle (Drähte). Nun sind
aber die Platten der Elemente durch Flüssigkeitsschichten getrennt, die natürlich auch einen gewissen Widerstand bieten,
den wir nicht aufser Acht lassen dürfen. Ich werde daher ein
Tauchelement zusammenstellen, bei welchem wir die Entfernung
beider Platten beliebig ändern, also den Einflufs des Platten-
abstandes untersuchen können[13]. Wir können dann sowohl
den Widerstand in der Leitung, als im Elemente selbst, ändern
und die galvanometrische Wirkung beobachten.

---

[13]) Die folgende Versuchsreihe (Fig. 45—47) ist im wesentlichen
Pfaundler entlehnt, wenn auch entsprechend modifiziert. (Müller-Pouillet's
Lehrb. d. Phys. IX. Aufl., herausg. von Pfaundler, III. Bd., S. 412—413.)

I. Ein Glastrog (A, Fig. 45) ist bis $^2/_3$ seiner Höhe mit einer Lösung von Natriumbichromat (mit Zusatz von Schwefelsäure) gefüllt. Da hinein stelle ich eine Kohlen- und eine Zinkplatte, die an Holzbänkchen befestigt sind und beliebig hoch gestellt werden können. Der Abstand beider Platten kann an einer Papier-Millimeterskala abgelesen werden, welche auf die Vorderseite des Glastroges geklebt und mit heifsem Paraffin bestrichen ist (zum Schutz gegen zufällig darüberfliefsende Säure).

Durch 2 Kupferdrähte von je 1 Meter Länge, die ich von derselben Drahtrolle abgeschnitten habe, verbinde ich die Polklemme des Elements mit dem Galvanometer (B, Fig. 48). Der

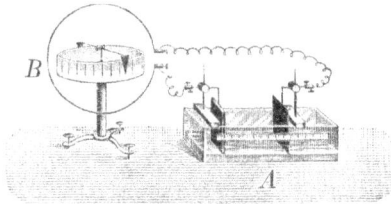

Fig. 45.
Beziehung zwischen dem (äufseren und inneren) Widerstande und der Stromstärke.
$^1/_{10}$ natürl. Gröfse. A Tauchelement. B Galvanometer.

Ausschlag beträgt etwa 4,5 Aichungsgrade. Nun schalte ich 2 längere Drähte von gleicher Beschaffenheit ein — der Ausschlag $a_2 = 3,8$ ist merklich kleiner.

Jetzt rücke ich die Platten des Elements weiter auseinander — Sie sehen, wie der Ausschlag sehr rasch abnimmt. Eine Vermehrung des Widerstandes sowohl in der Leitung, als im Elemente selbst, vermindert die Stromstärke.

Innerer und äufserer Widerstand. Nennen wir den Widerstand im Element den „inneren Widerstand" (w_i) und den der Leitung den „äusseren Widerstand" (w_a), so stellt die Summe beider Widerstände den Gesamtwiderstand (W) dar,

$$W = w_i + w_a .$$

Was wird nun geschehen, wenn wir den Gesamtwiderstand verdoppeln?

II. Ich verbinde das Galvanometer (G, Fig. 46) durch zwei Drähte von je 1 Meter Länge mit dem Trog-Element (E) und schiebe die Zinkplatte näher heran, sodafs der Ausschlag

genau $= 8$ Aichungseinheiten wird. [Diese Stellung der
Zinkplatte und des zugehörigen Drahtes ist in Fig. 46
p u n k t i e r t wiedergegeben.] Der Plattenabstand beträgt
40,4 mm. Den jetzt vorhandenen Gesamtwiderstand (im Element, der Drahtleitung und im Galvanometer) setzen wir $= 1$,
und wollen jeden einzelnen Widerstand verdoppeln. Zu diesem
Zweck schalte ich zwischen das Galvanometer und die Zinkplatte noch zwei ebensolche Drähte von je 1 Meter Länge ein, die
aufserdem durch einen Kupferstreifen (R_1) von genau gleicher
Länge und Dicke, wie der Ring (R) des Galvanometers, verbunden sind; also ist der äufsere Widerstand doppelt so grofs
als vorhin. Rücke ich nun die Zinkplatte auf die zweifache

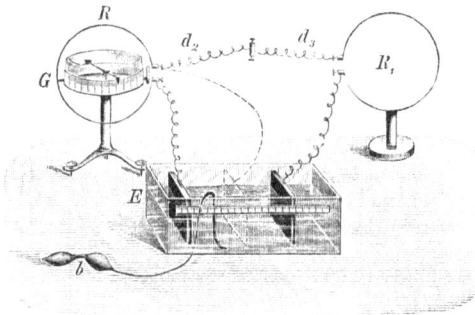

Fig. 46.
Abhängigkeit der Stromstärke vom Gesamtwiderstande. $^1/_{10}$ natürl. Gröfse.

Entfernung ($2.40{,}4 = 80{,}8$ mm), so ist der Gesamtwiderstand
verdoppelt und — der Ausschlag ist $a_2 = 3{,}95$, also (fast
genau) die Hälfte des vorigen. Bei verdoppeltem Gesamtwiderstande ist die Stromstärke halb so grofs, oder: *Die Stromstärke steht im umgekehrten Verhältnis zum Gesamtwiderstande.*

III. Nun müssen wir noch den Einflufs der elektromotorischen Kraft untersuchen. Ich stelle in die Mitte des
Glastroges ein mit siedendem Paraffin getränktes Holzbrettchen
(H, Fig. 47 a. d. f. S.), um dessen Rand ein Gummischlauch (g)
gelegt ist, sodafs der Trog in zwei getrennte Abteilungen geschieden wird. Eine Zink- und eine Kohlenplatte stelle ich
dicht an die Scheidewand und verbinde sie durch einen kurzen
Metallstreifen, dessen Widerstand wir vernachlässigen dürfen.

Nun rücke ich die beiden Endplatten der auf diese Weise
hintereinander geschalteten Elemente soweit heran, dafs die
Summe ihrer Abstände (80,8 mm) genau so grofs ist, wie der
Plattenabstand beim letzten Versuch. Jetzt ist der Gesamtwiderstand unverändert geblieben, dagegen die elektromotorische Kraft verdoppelt — der Ausschlag ($a_3 = 7,9$) ist
doppelt so grofs als letzthin (3,95), oder ebenso grofs, wie bei
einem einzigen Element bei halb so grofsem Gesamtwiderstande.
Wir sehen also:

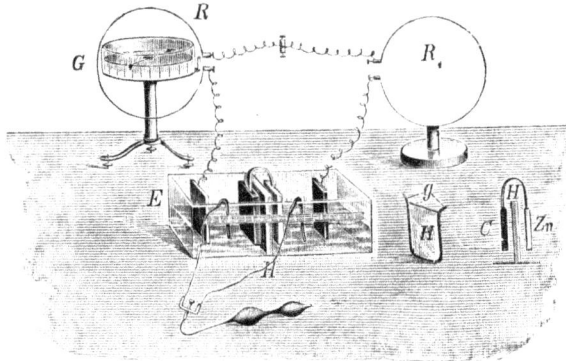

Fig. 47.
Abhängigkeit der Stromstärke von der elektromotorischen Kraft. $^1/_{10}$ natürl. Gröfse.

Die Stromstärke ist der elektromotorischen Kraft
direkt proportional.

Wir können nun leicht das vollständige Gesetz der Stromstärke aufstellen:

Ohm'sches
Gesetz.
*Die Stärke des galvanischen Stromes steht in geradem Verhältnis
zur elektromotorischen Kraft (der Batterie) und im umgekehrten Verhältnis zum Gesamtwiderstande* (Ohm's Gesetz).

Bezeichnen wir die gesuchte Stromstärke mit J, die elektromotorische Kraft mit E und den Gesamtwiderstand mit W,
so wird der Bruch E/W der Stromstärke (J) proportional
sein. Um den Zahlenwert dieses Bruches gleich dem der
Stromstärke zu machen, müssen wir ihn mit einem konstanten
Faktor, den wir mit k bezeichnen wollen, multiplicieren, dann
haben wir das Mafs für die Stromstärke

$$J = k \cdot \frac{E}{W} \cdot$$

Denken wir uns vorläufig als Einheit der Stromstärke (J) einen Strom, der an unserem kalibrierten Galvanometer eine Ablenkung von 1 Aichungsgrad hervorruft, und setzen wir die elektromotorische Kraft eines Daniell'schen Elements = 1, so wird im allgemeinen der Ausschlag, den 1 Daniell hervorruft — je nach dem eingeschalteten Widerstande — größer oder kleiner als 1 sein. Wenn wir nun den Leitungsdraht so wählen, daß der Ausschlag gerade = 1 wird, so können wir den jetzt vorhandenen Gesamtwiderstand w = 1 setzen und als Widerstands-Einheit benutzen. Dann giebt der Bruch E/W, wo W ein bekanntes Vielfaches von w ist, direkt die Stromstärke an, d. h. wir können die Einheit des Widerstandes so wählen, daß der obige konstante Faktor k = 1 wird, dann ist einfach

$$J = \frac{E}{W} \cdot \quad . \quad . \quad . \quad . \quad . \quad . \quad . \quad . \quad \text{I}$$

Da aber der Gesamtwiderstand (W) sich aus dem im Element selbst vorhandenen inneren Widerstande (w_i) und dem äußeren Widerstande (w_a) der Leitung zusammensetzt, also $W = w_i + w_a$ ist (vergl. S. 80), so haben wir als mathematischen Ausdruck für die Stromstärke

$$J = \frac{E}{w_i + w_a} \cdot \quad . \quad . \quad . \quad . \quad . \quad . \quad \text{II}$$

Dieses Gesetz der Stromstärke galvanischer Elemente, das der deutsche Gelehrte Ohm zuerst (1827) gefunden hat, liefert in seiner mathematischen Form den Schlüssel zu dem Rätsel, wie bei sehr kleinem äußeren Widerstande die Stromstärke proportional der Anzahl parallel geschalteter — bei sehr großem äußeren Widerstande dagegen proportional der Anzahl hintereinander geschalteter (gleichwertiger) Elemente sein könne, was uns anfangs in Erstaunen setzte. Wir hatten nämlich damals außer Acht gelassen, daß bei der Schaltung parallel (die gleichbedeutend mit der Anwendung eines Elements von größerer Oberfläche der eintauchenden Platten ist) der innere Widerstand mit der Anzahl der Elemente abnimmt, also die Stromstärke steigen muß; dagegen ist bei der Schaltung hintereinander, wo der Strom der Reihe nach alle inneren Widerstände überwinden

mufs, der innere Widerstand in gleichem Verhältnis
gewachsen wie die elektromotorische Kraft, weshalb
bei unbedeutendem Leitungswiderstande die Stromstärke sich
nicht ändern konnte. Das Stromgefälle ist aber jetzt ein
gröfseres und kann einen grofsen äufseren Widerstand besser
überwinden, also wird in diesem Falle die Stromstärke im (Vergleich zur parallelen Schaltung) bedeutender sein.

Noch schärfer tritt dies hervor, wenn wir uns das eine
Mal **n** Elemente **parallel**, das andere Mal **hintereinander**
geschaltet denken, und für **einen sehr kleinen** und **einen
sehr grofsen** äufseren Widerstand die betreffende Stromstärke berechnen.

I. Äufserer Widerstand verschwindend klein im Vergleich zum inneren Widerstande
(d. h. $w_a = 0$ gesetzt).

Für *1* Element ist die Stromstärke

$$J_1 = \frac{E}{w_i + w_a} = \frac{E}{w_i + 0} = \frac{E}{w_i} \quad \ldots \ldots \quad (1)$$

a) **n** Elemente **parallel**

Die elektromot. Kraft bleibt $= E$
innerer Widerstand (*n* mal
kleiner) $= w_i/n$
äufserer Widerstand ver-
schwindend $w_a = 0$

b) **n** Elemente **hintereinander**

Die elektromot. Kraft $= n \cdot E$
innerer Widerstand (*n* mal
gröfser) $= n \cdot w_i$
äufserer Widerstand ver-
schwindend $w_a = 0$

Stromstärke:

$$J_n = \frac{E}{\dfrac{w_i}{n} + w_a} = \frac{E}{\dfrac{w_i}{n} + 0} = \frac{E}{\dfrac{w_i}{n}}$$

$$J_n = \frac{n \cdot E}{n \cdot w_i + w_a} = \frac{n \cdot E}{n \cdot w_i + 0} = \frac{n \cdot E}{n \cdot w_i}$$

oder, wenn wir rechts den Zähler und
den Nenner des Bruches mit **n** multiplicieren,

hier fällt **n** fort, also ist

$$J_n = \frac{n \cdot E}{w_i} = n\left(\frac{E}{w_i}\right) = n \cdot J_1 \ . \ . \ (2\,a)$$

$$J_n = \frac{E}{w_i} = J_1 \quad . \ . \ (2\,b)$$

D. h. **Bei verschwindend kleinem äufseren Widerstande wird die Stromstärke durch parallele Schal-**

tung der Elemente vergröfsert, bei der Schaltung hintereinander dagegen nicht.

II. Äufserer Widerstand sehr grofs, so dafs der innere Widerstand (selbst bei der Schaltung hintereinander) dagegen verschwindet.

Für 1 Element ist die Stromstärke (bei $w_i = 0$)

$$J_1' = \frac{E}{w_i + w_a} = \frac{E}{0 + w_a} = \frac{E}{w_a} \quad . \quad . \quad . \quad (3)$$

c) **n** Elemente parallel

Die elektrom. Kraft $= E$

innerer Widerstand $= w_i/n$ (verschwindend gegen w_a)

äufserer Widerstand $= w_a$

d) **n** Elemente hintereinander

elektromot. Kraft $= n \cdot E$

innerer Widerstand $= n \cdot w_i$ (sehr klein im Verh. zu w_a)

äufserer Widerstand $= w_a$

Stromstärke:

$$J_n' = \frac{E}{\frac{w_i}{n} + w_a} = \frac{E}{0 + w_a} = \frac{E}{w_a} = J_1' \qquad J_n' = \frac{n \cdot E}{n \cdot w_i + w_a} = \frac{n \cdot E}{0 + w_a} = \frac{n \cdot E}{w_a} = n \cdot J_1'$$

Bei sehr grofsem äufseren Widerstande (im Vergleich zum inneren!) wird die Stromstärke durch parallele Schaltung der Elemente nicht verändert, dagegen durch Schaltung hintereinander vergröfsert [aber keineswegs proportional der Anzahl Elemente, da bei einer grofsen Anzahl hintereinander geschalteter Elemente der innere Widerstand ($n \cdot w_i$) nicht mehr gegen w_a vernachlässigt werden kann.]

Wie Sie sehen, stehen diese theoretischen Folgerungen aus dem Ohm'schen Gesetze völlig in Einklang mit unseren Beobachtungen (S. 72—74). Was uns damals unbegreiflich schien, erweist sich als eine notwendige Folge der Abhängigkeit der Stromstärke von dem Gesamtwiderstande, während wir anfangs nur auf den äufseren Widerstand (d. h. den der Leitung) geachtet hatten. Möge dieses eine Beispiel Ihnen einprägen, dafs man bei der Ergründung eines Naturgesetzes stets alle Umstände berücksichtigen mufs, durch welche die beobachtete Erscheinung beeinflufst werden könnte!

*   *   *

Da eine vorhandene Anzahl von galvanischen Elementen in verschiedener Weise zu einer Batterie zusammengestellt werden kann (wie Fig. 48 für 6 Elemente zeigt), so ist die Frage naheliegend: Wie sollen wir die gegebenen Elemente schalten, um im vorliegenden Falle die gröfste Stromstärke zu erzielen?

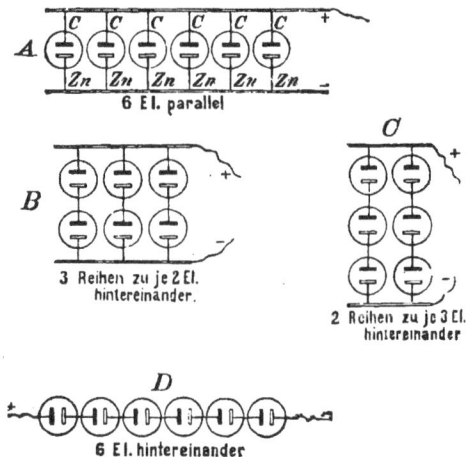

Fig. 48.
Verschiedene Kombination von 6 galvanischen Elementen.

Hierbei müssen wir berücksichtigen, dass die elektromotorische Kraft nur von der Anzahl der hintereinander geschalteten Elemente oder Gruppen (unter sich paralleler Elemente) abhängt, dagegen der innere Widerstand mit der Anzahl hintereinander geschalteter Gruppen zu-, und mit der Anzahl der in jeder Gruppe parallel geschalteten Elemente abnimmt, also die Stromstärke bei jeder Kombination verschieden sein kann.

So haben wir (nach Fig. 48) für 6 Elemente folgende Kombinationen:

	hintereinander	parallel	elektrom. Kraft	innerer Widerstand
A	1	6	E	$\frac{1}{6} w_i$
B	2	3	2 E	$\frac{2}{3} w_i$
C	3	2	3 E	$\frac{3}{2} w_i$
D	6	1	6 E	$6 w_i$

Je nachdem nun im gegebenen Falle die äufsere Leitung einen gröfseren oder kleineren Widerstand (w_a) hat, wird die Stromstärke der Batterie eine verschiedene sein. Wünschenswert ist es natürlich, in jedem Falle die günstigste Kombination zu wählen, wo also die Stromstärke den möglichst hohen Wert (das Maximum) erreicht. Theoretische Folgerungen aus dem Ohm'schen Gesetze ergeben und praktische Versuche bestätigen folgende Regel:

Für einen gegebenen Leitungswiderstand (w_a) ist die vorteilhafteste Kombination von galvanischen Elementen die, wo der gesamte innere Widerstand der Batterie dem ganzen Leitungswiderstande möglichst gleich ist.

Günstigste Kombination der Elemente einer Batterie.

Hieraus erkennen Sie, wie wichtig es ist, die Widerstände messen zu können. Wovon hängt nun aber der Widerstand eines Leiters ab? Wir sahen schon, dafs der Widerstand bei Flüssigkeitssäulen oder bei Drähten mit deren Länge stetig wächst, und es wird Ihnen ohne weiteres einleuchten, dafs für gleichförmige Leiter der Widerstand proportional der Länge des Leiters sein mufs. — Wir haben also nur noch zu untersuchen, welchen Einflufs die Dicke, oder die Fläche des Querschnitts, und die Beschaffenheit, d. h. das Material des Leiters ausübt. . . . .

Beginnen wir mit den bequemeren Versuchen an einer Flüssigkeitssäule. Hierzu können wir den schon früher (Fig. 43, S. 73) benutzten Glastrog mit den beiden Zinkplatten verwenden, die ich Ihnen zur näheren Betrachtung in die Hand gebe. Sie bemerken, dafs die schmalen Kantenflächen und die Hinterflächen beider Platten mit Lack überzogen und mit 4 parallelen Feilstrichen in 1, 2, 3, 4 cm Abstand vom unteren Rande versehen sind. Diese Striche dienen als Marke beim Eintauchen der Platten.

Ich giefse soviel Lösung von Zinksulphat ($ZnSO_4$) in den Glastrog, dafs beide Platten bis zum ersten Strich eintauchen (A, Fig. 49, wo q die eintauchende Oberfläche bedeutet). — Nun verbinde ich durch kurze, dicke Drähte einen Pol eines Tauchelementes (das mit einem Gummiball zum Einblasen von Luft versehen ist, um den Strom konstant zu erhalten, s. o. S. 70) mit dem Galvanometer, den anderen Pol mit der Klemm-

schraube der einen Zinkplatte und die zweite Platte wieder
mit dem Galvanometer.

Den Abstand beider Platten, den ich an der Papierskala
ablesen kann, mache ich genau = *2 cm*. Den Ausschlag am
Galvanometer markiere ich durch ein spitzes Dreieck aus
Papier, das ich so auf die gläserne Schutzhülle der Bussole
klebe (vergl. Fig. 37), daſs es gerade vor die Spitze des Alu-
miniumzeigers der abgelenkten Magnetnadel zu stehen kommt.
Nun wollen wir durch Zugieſsen von Flüssigkeit die eintauchende Fläche der Zinkplatten verdoppeln und fragen,

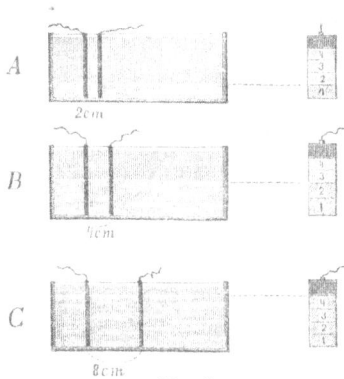

Fig. 49.
Abhängigkeit des Widerstandes von dem Querschnitt der Leitung. ¹/₁₀ natürl. Gröſse.

wie lang die Flüssigkeitsschicht sein muſs, um denselben
Widerstand zu bieten. Das werden wir daran erkennen,
daſs das Galvanometer denselben Ausschlag zeigt, wie eben.

So erhalten wir gleichen Widerstand in der Flüssigkeitssäule,

bei dem Querschnitt $q_1 = 1$ und der Länge $l_1 = 2$ cm   (A, Fig. 50)
  -     -   - $q_2 = 2$ -   -   - $l_2 = 4$ cm $= 2 . l_1$ (B, Fig. 50)
  -     -   - $q_3 = 4$ -   -   - $l_3 = 8$ cm $= 4 . l_1$ (C, Fig. 50)

d. h. für gleiche Widerstände sind die Längen der Leiter dem
Querschnitt (d. h. der Fläche des Querschnitts) proportional.
Wählen wir aber (flüssige) Leiter von gleicher Länge, so
wird der Widerstand bei doppeltem Querschnitt nur halb
so groſs und bei vierfachem Querschnitt nur der vierte

Teil des Leiters vom Querschnitt = 1 sein oder mit anderen Worten:

Bei gleicher Länge der Leiter steht der Widerstand im umgekekrten Verhältnis zu der Fläche des Querschnitts. Wir finden also als Regel (vorläufig für Flüssigkeiten):

Der Widerstand eines Leiters ist direkt proportional der Länge und umgekehrt proportional der Querschnittsfläche des Leiters

$$w = l/q \quad \ldots \ldots \ldots \ldots \ldots \quad (1)$$

Nun brauchen wir uns nur davon zu überzeugen, ob bei metallischen Leitern (Drähten) dasselbe stattfindet. Da hier die Widerstände, wie wir schon wissen, viel kleiner sind, so werden, wenn wir nicht sehr lange Drähte anwenden, die eingeschalteten Drähte nur einen kleinen Teil der äufseren Leitung bilden, ihre Verdoppelung also eine verhältnismäfsig kleine Differenz der Ausschläge bewirken. Wir müssen daher die abgelenkte Nadel in die Stellung bringen, wo die Empfindlichkeit des Galvanometers am gröfsten ist, das ist bei einem Ablenkungswinkel von 45⁰ der Fall (Anh. 9).

Um einen solchen bestimmten Ausschlag erzielen zu können, müssen wir den Strom regulieren können, daher lasse ich die Flüssigkeitssäule als Stromdämpfer in der äufseren Leitung und führe die Drähte, wie Fig. 50 zeigt, zu zwei Queck silber bechern, die durch zwei Ausbohrungen eines dicken Brettchens (B) gebildet sind. Durch den zu untersuchenden Probedraht (m) wird dann der Strom geschlossen. Die beiden eintauchenden Enden des Mefsdrahtes können nach Bedarf durch drehbare stählerne Federn (f) gehalten werden.

Ich nehme als Probedraht einen Kupferdraht von 102 cm Länge und biege je 1 cm vom Ende rechtwinklig um, sodafs die Entfernung zwischen beiden Biegungen genau = 1 Meter ist. Nun tauche ich die umgebogenen Enden in die Quecksilbernäpfchen (Fig. 53) und reguliere den Plattenabstand des Stromdämpfers (D), bis der Ausschlag genau 45⁰ beträgt.

[Da wir hier den Ablenkungswinkel nicht messen, sondern nur den gleichen Ausschlag hervorrufen wollen, so ist hier wie bei den vorigen Versuchen kein Stromwender erforderlich;

auch könnten wir jedes beliebige ungeaichte Galvanoskop
verwenden.]

Nun nehme ich einen Doppeldraht derselben Art von doppelter Länge — der Ausschlag ist wieder = 45°; ebenso bei
einem vierfachen Draht von vierfacher Länge! Statt zweier
Drähte hätte ich ebenso gut einen einzigen Draht von doppeltem Querschnitt nehmen können, oder statt der 4 einzelnen
Drähte einen Draht von vierfachem Querschnitt oder doppeltem Durchmesser[14]), d. h. doppelter „Dicke", wie man ge-

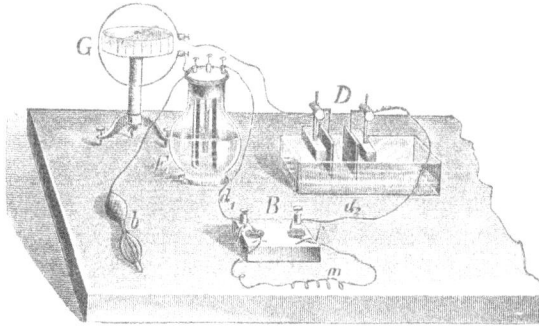

Fig. 50.
Widerstandsvergleich von Drähten. $^1/_{10}$ natürl. Gröfse.

wöhnlich sagt. — Diese Messungen an Drähten stimmen also
völlig mit denen an Flüssigkeitssäulen überein, d. h. bei allen
gleichförmigen Leitern steht der Widerstand im geraden Verhältnis zur Länge und im umgekehrten Verhältnis zur Fläche des Querschnitts.

Dieses Resultat ist insofern auffallend, als hieraus hervorgeht, dafs der galvanische Strom — bildlich gesprochen —
den Querschnitt des Leiters ausfüllt, d. h. durch den Querschnitt eines Drahtes fliefst, nicht aber längs der äufseren

---

[14]) Ist der Durchmesser (die Dicke) eines Drahtes = d, so ist sein
Halbmesser $r = d/2$ und die Fläche des Querschnitts (als Kreisfläche)
$Q = \pi r^2 = \pi d^2/4$. Hat der Draht z. B. eine Dicke d = 1 mm, so ist sein
Querschnitt $Q = \pi/4 \square$ mm; dagegen bei $d^1 = 2$ mm ist $Q^1 = 2^2 \pi/4 = 4\,\pi/4 =$
$\pi \square$ mm, also ist der Querschnitt eines Drahtes von doppelter Dicke 4 mal
gröfser.

Oberfläche des Drahtes sich bewegt, wie wir aus unserer Beobachtung bei der statischen Elektricität hätten schliefsen können, wo der Sitz der Elektricität, auf einem isolierten Leiter, die äufsere Oberfläche des Leiters ist.

Nun wollen wir noch Drähte aus verschiedenem Metall miteinander vergleichen. Durch dieselbe Öffnung eines Zieheisens (einer Stahlplatte mit scharfrandigen Löchern von genau abgepafstem Durchmesser) habe ich einige Drähte aus Kupfer, Silber, Neusilber und Eisen gezogen, die also denselben Querschnitt zeigen. Ich nehme Drähte von gleicher Länge (1 Meter) und benutze sie als Mefsdrähte (m, Fig. 50), wobei ich für den Silberdraht die Ablenkung = 45° einstelle. Ersetze ich den Silberdraht durch den Kupferdraht, so ist der Ausschlag etwas kleiner, noch kleiner beim Eisen und am kleinsten beim Neusilber, d. h. diese Metalle setzen, bei gleicher Länge und Dicke des Drahtes, dem Durchgange des elektrischen Stromes einen verschieden grofsen Widerstand entgegen. Um denselben Widerstand, wie der 100 cm lange Silberdraht zu haben, hätten der Kupferdraht 93,4 cm, der Eisendraht 15,2 cm und der Neusilberdraht gar nur 7,0 cm lang sein dürfen. In diesen Mafszahlen spiegelt sich das specifische Leitungs- Specifischer vermögen dieser Metalle wieder, das dem specifischen Widerstand. Widerstande umgekehrt proportional ist. Bezeichnen wir diesen specifischen Widerstand eines Drahtes mit s, die Länge mit l und den Querschnitt mit q, so ist der mathematische Ausdruck für den Widerstand eines Drahtes

$$W = s \cdot \frac{l}{q}.$$

Als praktische Einheit des Widerstandes hat man den einer Quecksilbersäule von 1 □mm Querschnitt und 106,3 cm Länge (bei 0° Celsius) angenommen und dem deutschen Gelehrten Ohm zu Ehren *1 Ohm* genannt[15]).

---

[15]) Aus genau abgepafsten Drähten werden Widerstände hergestellt, welche 1, 2, 5, 10, 20 . . . u. s. w. Ohm entsprechen und in passender Weise in einem Kasten („Widerstandskasten" oder „Widerstandssatz") so vereinigt, dafs man beliebige Widerstände (durch Addition) in den Stromkreis schalten kann. Ein solcher Widerstandssatz kann beim Galvanometer in ähnlicher Weise benutzt werden, wie ein Gewichtssatz bei der Wage.

Damit sind wir in den Stand gesetzt, eine praktische Einheit für die Stromstärke zu definieren, die 1 Ampère heißt:

Das Ampère als Strom-Einheit.

Die praktische Einheit der Stromstärke, das Ampère, ist diejenige, wo bei einem Gesamtwiderstande = 1 Ohm eine elektro-motorische Kraft = 1 Volt wirksam ist.

Mit dieser Definition der Stromstärke haben wir vorläufig nur einen theoretischen Abschluß erreicht, denn unsere Aichungsskala am Galvanometer beruht auf einer willkürlichen Stromeinheit.

Folgende Tabelle zeigt Ihnen den Widerstand und die Leitungsfähigkeit der wichtigsten Metalle und einiger Flüssigkeiten (nach Pfaundler, Lehrb. d. Phys. III S. 421):

Leitungswiderstand bei 1 m Länge und 1 qmm Querschnitt		Leitungsfähigkeit oder Länge eines Ohms (bei 1 qmm Querschn.)
Material	Ohm	Meter
Quecksilber bei 0°	0,941	1,063
Wismuth	1,26	0,8
Antimon	0,34	2,9
Neusilber	0,20	5,0
Blei	0,188	5,3
Zinn	1,127	7,9
Eisen	0,093	10,8
Platin	0,087	11,5
Zink	0,054	18,5
Messing	0,048	20,9
Gold	0,019	52,6
Kupfer	0,015	66,7
Silber	0,014	71,4
Gaskohle	38 bis 113	0,025 bis 0,008
Schwefelsäure von 30,4 %/0 . . .	14 653	0,00006914
Zinksulphat von 23,7 %/0	208 850	0,00000452

Die Leitungsfähigkeit und der Leitungswiderstand stehen, wie wir schon sahen, im umgekehrten (reciproken) Verhältnis zu einander. Bezeichnen wir erstere mit λ und letztere mit ω, so ist $\lambda = 1/\omega$, oder $\omega = 1/\lambda$; z. B. für Quecksilber $0,941 = 1/1,063$.

Interessant ist es, dafs nur wenige Metalle (Blei, Zinn, Cadmium, Zink) bei ihren Legierungen eine Leitungsfähigkeit zeigen, welche der aus dem Procentgehalt der zusammensetzenden Metalle berechneten Leitungsfähigkeit entspricht. Alle anderen Metalle zeigen, sowohl unter sich, als mit den genannten Metallen legiert, eine unverhältnismäfsig geringere Leitungsfähigkeit, so ist z. B.

Leitungsfähigkeit der Legierungen.

				beob.	berechn.
100 Silber legiert mit	0 Vol.-Procent Zinn			100	100
98 - - -	2 -		-	*23,0*	98,2
10 - - -	90 -		-	*11,5*	20,1
0 - - -	100 -		-	11,4	11,4

Es kann sogar (wie z. B. bei einer Legierung von Silber und Gold) die Leitungsfähigkeit der Legierung weit kleiner sein als die jedes der Metalle, aus denen die Legierung besteht. Es ist dieses für die Technik von Wichtigkeit, da man aus solchen Legierungen die zu Messungen dienenden Normalwiderstände herstellen kann, indem man nur verhältnismäfsig kurze Drähte braucht. Auch zeigen manche dieser Legierungen, wie z. B. das Manganin die wichtige Eigenschaft, dafs ihr Leitungswiderstand weit weniger durch Temperaturschwankungen beeinflufst wird, als es bei den reinen Metallen der Fall ist.

*   *   *

Um unser Studium der galvanischen Elemente zum Abschlufs zu bringen, müssen wir noch die Frage erledigen, wie man den inneren Widerstand eines Elements oder einer Batterie bestimmt.

Nach dem Ohm'schen Gesetz ist die Stromstärke

$$J = E_i / (w_i + w_a),$$

und zwar ist die günstigste Kombination der Elemente einer Batterie die, wo $w_i = w_a$; also $w_i + w_a = 2 w_i$ wird; dann haben wir z. B. für 1 Element:

$$J' = \frac{E}{2 w_i} = \frac{1}{2} \cdot \frac{E}{w_i}.$$

Nun ist aber (S. 84) E/w_i die Stromstärke eines Elementes für den Fall, dafs der äufsere Widerstand $= 0$ ist. Das giebt uns einen Fingerzeig.

Wir messen zuerst den Ausschlag des (graduierten) Galvanometers bei verschwindend kleinem Widerstande der Leitung, wo kurze, dicke Drähte das Element mit dem starken Kupferringe des Galvanometers verbinden. Darauf fügen wir solange bekannte Widerstände in die äußere Leitung ein, bis der Ausschlag genau halb so groß ist (nach der Aichungsskala!). Dann ist der Gesamtwiderstand verdoppelt, also ist der gesuchte innere Widerstand gleich dem Widerstande, den wir in der Leitung zufügen mußten[16]).

Nun interessiert uns noch die Frage: Wie wird die Stromstärke sich verteilen, wenn der Leitungsdraht sich in mehrere Zweige spaltet, die sich später wieder vereinigen, wie Fig. 51 zeigt.

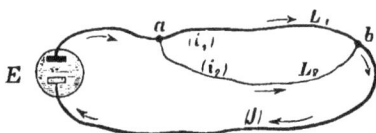

Fig. 51.
Stromstärke in Leiterzweigen (L_1 und L_2).

Sie erinnern sich noch dessen, daß in einem Stromkreise durch jeden Querschnitt des Leiters in derselben Zeit dieselbe Elektricitätsmenge fließen muß, wenn der Strom konstant sein soll.

Denken Sie sich nun die beiden Leiterzweige L_1 und L_2 als einen einzigen Leiter, so fließt durch den Querschnitt beider per Sekunde dieselbe Elektricitätsmenge, wie durch jeden anderen Querschnitt; also ist die Stromstärke beider Leiterzweige (i_1 und i_2) zusammen gleich der gesamten Stromstärke (J); d. h. $i_1 + i_2 = J$. Zwischen den Punkten a und b herrscht eine bestimmte Potentialdifferenz ($v_a - v_b$), d. h. in beiden Leiterzweigen ist die elektromotorische Kraft (E) gleich. Dann ist, nach dem Ohm'schen Gesetz, die Stromstärke (i) nur noch abhängig von dem Widerstande (w_1 und w_2):

---

[16]) Falls das benutzte Instrument eine Tangensbussole ist (s. w. u. im nächsten Vortrage), so kann man den Ausschlag (in Graden) berechnen, welcher der halben Stromstärke entspricht und die Widerstände darnach bestimmen.

$$i_1 = (v_a - v_b) / w_1 = E / w_1$$
$$i_2 = (v_a - v_b) / w_2 = E / w_2$$

also

$$i_1 : i_2 = 1/w_1 : 1/w_2 \text{ (oder } i_1 : i_2 = w_2 : w_1).$$

Dieses gilt auch für eine beliebige Anzahl von Leitungszweigen (Ohm, Kirchhoff).

Eine wichtige Anwendung kann hiervon gemacht werden, wenn es gilt, grofse Stromstärken zu messen, für welche die Empfindlichkeit der vorhandenen Galvanometer zu bedeutend ist. Giebt man den beiden Leiterzweigen einen Widerstand von einem bestimmten Verhältnis, z. B. 99 : 1, so ist ihr Gesamtwiderstand $99 + 1 = 100$. Der Strom teilt sich demnach so, dafs durch die Leitung von gröfserm Widerstande ein 99 mal schwächerer Strom als durch die andere Leitung, oder $1/_{100}$ des Gesamtstromes fliefst (s. o.). Ist die im längeren Zweige gemessene Stromstärke $= i$, so ist die gesuchte Gesamtstromstärke $J = 100 \cdot i$.

Damit haben wir unsere heutige lange Wanderung beendet und wollen nächstens neue dynamische Wirkungen und technische Anwendungen des galvanischen Stromes kennen lernen.

V. Vortrag.

Wir haben das vorige Mal die ablenkende Wirkung des galvanischen Stromes auf die Magnetnadel als vorläufiges Mafs der Stromstärke angenommen und fanden, nachdem wir durch Graduierung unser Galvanoskop zu einem Galvanometer erhoben hatten, folgendes:

Rückblick.   1. Fliefst ein galvanischer Strom durch eine Leitung, so wird die galvanometrische Wirkung um so schwächer, je länger (bei sonst gleicher Beschaffenheit) der Leiter oder je enger sein Querschnitt ist. Die Ursache der Schwächung der Stromenergie (im Leiter) nennen wir seinen *Widerstand*. Bei gleichförmigen Leitern steht der Widerstand im geraden Verhältnis zur Länge und im umgekehrten Verhältnis zur Fläche des Querschnitts. — Der Widerstand (w) und das Leitungsvermögen (*l*) eines Leiters stehen im reciproken Verhältnis zu einander ($w = 1/l$). Als praktische Einheit des Widerstandes (1 Ohm) gilt der eines gleichförmigen Quecksilberfadens von 1 ☐ mm Querschnitt und 106,3 cm Länge bei 0° C.

2. Die *Stromstärke* (J) ist von den anderen Gröfsen abhängig. Sie steht im geraden Verhältnis zur elektromotorischen Kraft (E) der Elemente und im umgekehrten Verhältnis zum Gesamtwiderstande (W)

d. h. dem inneren Widerstande (w_i) innerhalb der Elemente selbst + dem äufseren Widerstande (w_a) in der Leitung. Also ist die Stromstärke

$$J = E/W = E/(w_i + w_a).$$

Aus diesem Ohm'schen Gesetz folgt, dafs die Stromstärke vergröfsert wird: bei verschwindend kleinem äufseren Widerstande durch die Schaltung parallel, dagegen bei sehr grofsem äufseren Widerstande durch die Schaltung hintereinander. — Die günstigste Gruppierung der Elemente zu einer Batterie ist die, wo der innere Widerstand dem äufseren (dem der Leitung) gleich ist.

3. Wird der Stromleiter zwischen zwei Punkten der Bahn verzweigt, so verhalten sich die Stromstärken der einzelnen Leiterzweige umgekehrt wie die betreffenden Widerstände der Zweige ($i_1 : i_2 \ldots = 1/w_1 : 1/w_2 \ldots$). Durch dieses Kirchhoff'sche Gesetz sind wir in den Stand gesetzt, die stärksten Ströme zu messen, indem wir die Widerstände zweier Leiterzweige so wählen, dafs durch das Leiterstück, in welchem wir die Stromstärke messen, ein genau bestimmter Bruchteil des Gesamtstromes fliefst.

* * *

Wir haben letzthin wohl erkannt, von welchen Umständen die Stromstärke (d. i. vorläufig nur die galvanometrische Wirkung) abhängt, aber einen Anhaltspunkt für die Definition derjenigen Stromstärke, welche wir als Einheit annehmen könnten, boten unsere Versuche am Galvanometer nicht. (Beim Graduieren des Galvanometers war von uns willkürlich ein konstanter Strom = 1 gesetzt worden.) Der Ausdruck „Elektricitätsmenge per Sekunde", die durch den Querschnitt des Leiters fliefst, ist der Analogie mit dem Wasserstrom entlehnt, also nur als bildliche Redeweise aufzufassen. — Wir besitzen kein Sinnesorgan zur Wahrnehmung der Elektricität und können daher ihre „Menge" nicht direkt messen. — Es läfst sich aber erwarten, dafs der elektrische Strom, der die Magnetnadel aus ihrer Ruhelage schleudert

und dem Eisen beim Elektromagnet gewaltige Anziehungs-
kräfte verleiht, auch Wirkungen anderer Art hervorzubringen
vermag. Vielleicht finden wir unter diesen, was wir brauchen:
einen praktischen Maßstab für die Stromstärke!

I. Hier stehen drei große Bunsen'sche Chromsäure-Elemente
(vergl. B, Fig. 14, S. 31). Ich schalte sie hintereinander zu einer Batterie. An dem einen freien Pol befestige ich einen feinen Metallfaden (Lametta, welche zum Christbaumschmuck verwandt wird)
— wollen Sie vielleicht das andere Ende des Lamettafadens an
dem freien Pol des dritten Elements festklemmen? — — Sie
lassen den Metallfaden hastig fallen, weil
er — zu heiß geworden sei! Sie haben
Recht, er ist stark erwärmt worden.

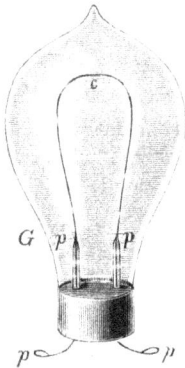

Nun schraube ich statt des Lamettafadens einen Neusilberdraht ein, an welchen
ich vorhin eine Menge Wachskügelchen in
kurzen Abständen von einander angedrückt
habe. Sehen Sie — — da beginnen schon
einige Kugeln längs dem etwas schräg
stehenden Draht herabzurutschen und fallen
bald ab, da das Wachs geschmolzen ist.
Wir sehen also, daß auch stärkere Drähte
durch den Strom erwärmt werden, wenn
auch schwächer, als der feine Metallfaden,
der dem Strom einen weit größeren Widerstand entgegensetzt. Diese Wärmewirkung

Fig. 52.
Elektrische Glühlampe.
Natürl. Größe.

des elektrischen Stromes wird in der Technik u. a. zur Ent-
zündung von Minen beim Sprengen von Felsen u. s. w. benutzt.

Hier lege ich ein elektrisches Lämpchen vor (Fig. 52), das aus
einem fast luftleer gemachten Glasgefäß (G) von birnförmiger
Gestalt besteht, worin zwei durch einen haarfeinen Kohlenbügel (c)
verbundene Platindrähte eingeschmolzen sind. Lasse ich den
Strom der drei Elemente durch den Kohlenbügel gehen, indem
ich die herausragenden Platin-Ösen der Lampe mit den Poldrähten verbinde, so erstrahlt der Kohlenfaden in hellem, gold-
gelbem Licht. Sie haben diese elektrischen Glühlampen gewiß
schon oft an den Schaufenstern oder auch in Privatwohnungen
gesehen, doch ist die gebräuchliche Stromquelle eine andere.
Wir werden sie erst später kennen lernen (Anh. 8).

Durch den elektrischen Strom wird der Leiter erwärmt und zwar um so stärker, je schlechter er leitet oder
je gröfser sein Widerstand ist. Sie erraten nun wohl, wo beim
„Dämpfen des Stromes" durch eingeschaltete Widerstände
die scheinbar verloren gegangene Energie geblieben ist. *Die
elektrische Energie hat sich in Wärmeenergie verwandelt!* Wir könnten
nun versuchen, die durch einen Strom erzeugte Wärmemenge
zu bestimmen und als Mafs der Stromstärke zu benutzen, doch
ergaben die sehr umständlichen und schwierigen Versuche
(von Lenz und Joule), dafs die im Stromleiter erzeugte
Wärmemenge zwar im geraden Verhältnis zum Widerstande
des Leiters steht, aber nicht der Stromstärke selbst, sondern dem
Quadrat der Stromstärke proportional ist (Joule'sches
Gesetz), mithin für unseren Zweck sich nicht recht eignet.

II. Jetzt wollen wir eine chemisch-dynamische Wirkung
des galvanischen Stromes studieren, die sogenannte Wasserzersetzung oder Elektrolyse des Wassers.

Hier sehen Sie (A, Fig. 53) eine am oberen Ende geschlossene
Glasröhre (G), welche nach Fünftel-Kubikcentimetern kalibriert
ist. Unten ist ein Gummipfropf hineingeschoben, durch den drei
Glasröhrchen wasserdicht geführt sind. Das mittlere Röhrchen (r)
ist beiderseits offen, in die beiden anderen sind Platindrähte
eingeschmolzen, welche in Platinbleche (p), die „Elektroden",
endigen. Aufsen sind die Platindrähte mit kleinen Klemmschrauben versehen, zur Aufnahme der Poldrähte der Batterie.

Ich nehme die Röhre aus der Federklemme (f), kehre sie
um, ziehe den Pfropf heraus und fülle die Röhre mit stark
verdünnter Schwefelsäure. Nach Einsetzen des Pfropfes setze
ich die Röhre wieder an ihren Platz und stelle ein Glasgefäfs
darunter. — Verbinde ich nun die Poldrähte der 3 Bunsen'schen Chromsäure-Elemente, die, wie vorhin, hintereinander
geschaltet sind, mit den Klemmschrauben, so bemerken Sie
sofort eine lebhafte Gasentwickelung, während aus dem mittleren Röhrchen das verdrängte Wasser herauströpfelt. In
wenigen Minuten sind mehrere Kubikcentimeter des Gases erzeugt. Die hierbei innerhalb der Flüssigkeit sich abspielenden
Vorgänge sind recht komplicierter Natur; das Endresultat ist
dasselbe, als ob die zugefügte Schwefelsäure unverändert geblieben und nur das Wasser in seine Elementarbestandteile

zerlegt worden wäre.   Das nahm man auch anfangs an und
nannte den Vorgang fälschlich eine „Wasserzersetzung".
Die Gasblasen, welche Sie in der Röhre (A, Fig. 53) aufsteigen
sehen, bestehen aus einem Gemisch von Sauerstoff- und
Wasserstoffgas, welches sich beim Entzünden (z. B. durch
den Entladungsfunken einer Leydener Flasche) unter einer mit
einem starken Knall verbundenen Explosion wieder zu Wasser
(Dampf) verbindet und daher Knallgas genannt wird.   Der
Apparat heifst Knallgas-Voltameter (s. w. u.).

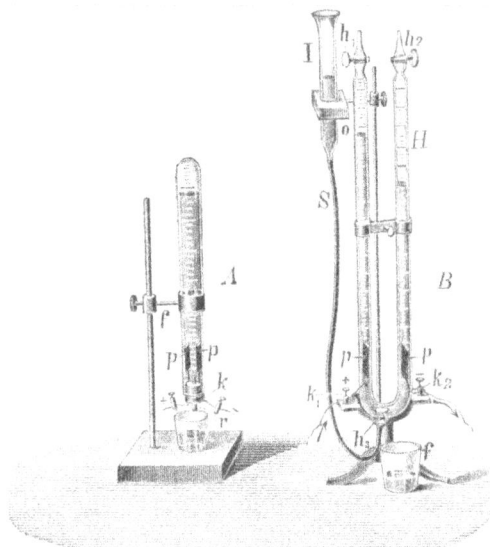

Fig. 53.
Elektrolyse des Wassers. $^1/_{10}$ natürl. Gröfse. A Knallgas-Voltameter, vereinfacht;
B Wasserstoff-Voltameter nach Hofmann, modificiert.

Um beide Gase getrennt zu erhalten, benutze ich einen
anderen Apparat (B, Fig. 53).   Ein hohes U-förmiges Glasrohr
ist an beiden Schenkeln nach Zehntel-Kubikcentimetern kalibriert und mit drei Hähnen ($h_1 h_2 h_3$) versehen.   Zum Füllen
dient ein cylindrisches, oben trichterförmig erweitertes, unten
in eine dünne Röhre verlaufendes Glasrohr (I), welches mit
seinem Halter oder in dem Korken, durch den es geführt ist, verstellbar ist.   Durch einen Gummischlauch (S)
ist der Trichter mit dem Abflufsrohr verbunden.   Die Platin-

Elektroden (p) sind nahe der Biegung seitlich eingeschmolzen und durch Platindrähte mit den isolierten Klemmschrauben (k_1 und k_2) verbunden. Jetzt fülle ich den Trichter mit verdünnter Schwefelsäure und öffne die drei Hähne, bis beide Schenkel gefüllt sind und schliefse darauf die oberen ($h_1 h_2$). — Bald nach dem Durchleiten des Stromes sehen Sie in beiden Röhren Gas aufsteigen, doch an der positiven Elektrode (der Anode) weniger als an der negativen (der Kathode).

Jetzt, wo die Flüssigkeit in beiden Schenkeln mit den betreffenden Gasen gesättigt ist, giefse ich in den Trichter Flüssigkeit nach, öffne behutsam die oberen Hähne, bis die Röhren wieder gefüllt sind, und schliefse den Strom der Batterie. Nach einigen Minuten, wenn an der negativen Elektrode (der Kathode) gerade 20 Kubikcentimeter Gas entwickelt sind, unterbreche ich den Strom. An der Anode haben sich nur 10 Kubikcentimeter, d. h. halb soviel Gas gebildet! Die gröfsere Gasmenge erweist sich bei der Untersuchung als Wasserstoff, die kleinere als Sauerstoff. Das Wasser besteht, also — dem Volumen nach — aus 2 Teilen Wasserstoff und 1 Teil Sauerstoff.

Die Menge Knallgas, welche beim ersten Versuch, oder die Menge Wasserstoff, welche beim zweiten in einer bestimmten Zeit, z. B. in 1 Minute entwickelt wird, kann als Mafs der Stromstärke dienen und wird auch vielfach dazu benutzt (Jacobi's Stromeinheit liefert 1 ccm Knallgas per Minute). Doch ist dieses Verfahren für genauere Bestimmungen weniger geeignet als das w. u. beschriebene. Um vergleichbare Resultate zu erhalten, müssen die Gase völlig trocken sein und bei einer Temperatur von 0° C. bei 760 mm Barometerdruck gemessen, oder durch Rechnung auf diese Temperatur und diesen Druck reduciert werden.

Diese, wie die folgenden Apparate müfsten chemische Strommesser heifsen. Der gebräuchliche Name „Voltameter" ist sehr unglücklich gewählt, da Volta mit ihrer Erfindung nichts zu thun hat. Auch liegt eine Verwechselung nahe mit den Voltmetern, d. h. Apparaten zur Bestimmung des „Volt", oder der praktischen Einheit der elektromotorischen Kraft.

III. Ich ersetze nun den Wasserzersetzungsapparat durch Kupfer-Voltameter.

ein Gefäfs (A, Fig. 54) mit koncentrierter Lösung von Kupfervitriol, in welche zwei blanke Scheiben aus Kupferblech tauchen.
In den Stromkreis schalte ich noch den Stromwender (C) und
das Galvanometer (D) ein, wie Fig. 53 zeigt.

　　Dieser Apparat (A) wird Kupfer-Voltameter genannt.

　　Die beschriebene Versuchsanordnung gestattet uns, den
Strom im Galvanometer umzukehren, während er im Kupfer-
Voltameter (B) seine Richtung unverändert beibehält. Durch
das Zusammenrücken der Kupferplatten im Voltameter kann
ich den Widerstand desselben verkleinern, also die Stromstärke
erhöhen, bis das Galvanometer seinen empfindlichsten Ausschlag
(45°, d. h. etwa 8 Aichungseinheiten) zeigt. Nach einigen

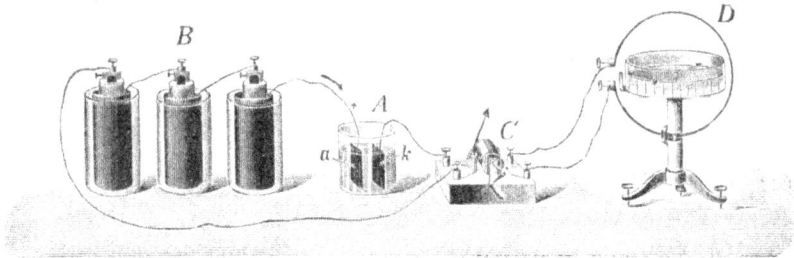

Fig. 54.

Kupfer-Voltameter (A) und Galvanometer (D) durch den Stromwender (C) so mit der
Batterie (B) verbunden, dafs der Strom nur im Galvanometer die Richtung wechselt.
$^1/_{10}$ natürl. Gröfse.

Minuten hebe ich beide Platten heraus, spüle sie ab und trockne
sie durch Betupfen mit Filtrierpapier und Erwärmen über einer
Spiritusflamme. Nun gebe ich Ihnen die Platten herum, bitte
aber, beide, besonders die durch matten Kupferglanz ausge-
zeichnete negative Elektrode (die Kathode), nur am angelöteten, mit Siegellack überzogenen Leitungsdrahte zu fassen! Sie
bemerken wohl, wie die Kathode mit einer frischen Kupferhaut
bedeckt ist, während die Anode aussieht, als wäre sie von Säure
zerfressen. — An der Platte, wo der (positive) Strom eintrat,
hat sich Kupfer aufgelöst und an der anderen Platte niedergeschlagen, während die Kupferlösung scheinbar unverändert geblieben ist. [Metall geht mit dem Strom.]

　　Jetzt wollen wir die Gewichtszunahme der Kathode (der
negativen Platte) bestimmen. Auf jenem Seitentisch steht eine
empfindliche Wage schon bereit. Ich lege die Platte auf die

eine Wagschale und auf die andere Schrot oder Sand, bis das Gleichgewicht erzielt ist. Nun stelle ich jede Platte an ihren Platz und reguliere ihren Abstand nochmals, bis der Ausschlag am Galvanometer 7,5 Aichungseinheiten (44,6°) beträgt. Nach dem Wechseln der Stromrichtung haben wir 7,6; also im Mittel 7,55. Nun wollen wir 5 Minuten lang den Strom durchgehen lassen und jede Minute das Galvanometer beobachten.

	I. Strom-richtung	II. Strom-richtung	Mittel
zu Anfang . . .	7,5	7,6	7,55
nach 1 Min. . . .	7,4	7,58	7,49
- 2 - . . .	7,45	7,5	7,48
- 3 - . . .	7,4	7,5	7,45
- 4 - . . .	7,4	7,5	7,45
- 5 - . . .	7,35	7,15	7,40
Der Strom wird unterbrochen.		Mittel	7,47

Die wieder abgespülte und in gleicher Weise getrocknete Kathodenplatte wiegt jetzt um 0,565 g oder 565 mg mehr als vorher. Soviel Kupfer hat sich in 5 Min. abgesetzt also ist die in 1 Minute abgeschiedene Menge des Kupfers = 0,113 g = 113 mg, oder per Sekunde 113/60 = 1,88 mg.

Noch viel merklicher wäre die Gewichtszunahme der negativen Elektrode gewesen, wenn wir zwei Silberplatten in einer verdünnten Lösung von salpetersaurem Silber (Höllenstein) angewandt hätten. Für genaue Strommessungen wird daher das Poggendorf'sche Silbervoltameter verwandt.

Wie wir neulich sahen, hängt die Stromstärke von der elektromotorischen Kraft und dem Gesamtwiderstande ab ($J = E/W$). Wir können nun für zwei dieser Gröfsen willkürliche Einheiten wählen, dann ist die dritte Gröfse dadurch schon bestimmt. Wählen wir z. B. für die elektromotorische Kraft als Einheit 1 Daniell'sches Element und als Widerstandseinheit den eines Quecksilberfadens von 1 qmm Querschnitt und 106,3 cm Länge (1 Ohm), so könnten wir bei einem bekannten Gesamtwiderstande und einer (z. B. am Elektrometer) bestimmten elektromotorischen Kraft der benutzten Batterie für jeden einzelnen Fall die Stromstärke (natürlich nach der angenommenen willkürlichen Einheit) berechnen. Da jedoch die Widerstandsmessungen umständlich sind und besondere Hülfsapparate erfordern, so ist es oft wünschenswert, einen Weg einzuschlagen, welcher direkt die Stromstärke einer Batterie bei der gerade eingeschalteten Leitung zu messen gestattet. Die von uns als „galvanometrische Wirkung" bezeichnete Ablenkung der Magnetnadel des Galvanometers wäre sehr bequem, giebt uns aber vorläufig nur ein willkürliches Mafs, sodafs die an verschiedenen Instrumenten angestellten Messungen unter sich nicht vergleichbar sind. Wir müssen uns daher nach vergleichbaren Mafsen umsehen!

Wir wissen schon, dafs die praktische Einheit der elektromotorischen Kraft (oder der Potentialdifferenz an den freien Polen der Batterie) das „Volt" genannt wird, doch fehlte uns in der statischen Elektricität jede Möglichkeit, eine Elektricitätsquelle von konstantem, stets wieder herstellbarem elektrischem Niveau zu beschaffen. Eine solche bieten aber in vortrefflicher Weise die konstanten Elemente, besonders — für unseren Zweck — das von Daniell. Wir könnten einfach die elektromotorische Kraft eines Daniell'schen Elements zur praktischen Einheit nehmen, und es sind lediglich Gründe theoretischer Natur, welche eine etwas kleinere elektromotorische Kraft als praktische Einheit, d. h. als Volt, geeigneter erscheinen lassen.

Das Volt als praktische Einheit der elektromotorischen Kraft.

$$1\ Volt = 1/1{,}07 = 0{,}934\ \text{Normal-Daniell.}$$

Nun ergab unser Aluminium-Elektrometer beim Aichen mit dem Normalkondensator für 1 Daniell den Ausschlag $a_1' = 15^0$; hieraus berechnet sich der Ausschlag für 1 Volt $a_1 = 15^0/1{,}07 = 14{,}02^0$ oder rund *14⁰*. Dieser Ausschlag wurde nun bei der Aichung (I. Bd. S. 67) zugrundegelegt, also ist unsere Projektions-Aichungsskala am Elektrometer zugleich eine Voltskala (d. h. bei Anwendung des Normalkondensators). Die von uns früher (S. 37) für verschiedene galvanische Elemente beobachteten Ausschläge am Elektrometer entsprechen demnach (annähernd) der elektromotorischen Kraft der Elemente nach Volt.

Einheit der Stromstärke.

Als *Einheit der Stromstärke* können wir uns die Stromstärke denken, welche durch ein konstantes Element von der elektromotorischen Kraft = 1 Volt bei einem Gesamtwiderstand = 1 Ohm hervorgebracht wird. Sie heifst, dem französischen Gelehrten Ampère zu Ehren, *1 Ampère*.

Durch Versuche, die ich Ihnen hier nicht beschreiben kann, hat man gefunden, daſs ein Strom von der Stärke = 1 Ampère während jeder Minute 67,08 Milligramm Silber oder 19,68 mg Kupfer ausscheidet oder 10,44 ccm Knallgas bildet. Also

In 1 Sekunde liefert ein Strom von 1 Ampère:

Silber	Kupfer	Knallgas; d. h. Wasser zersetzt:		Elektrochem.
1,118 mg	*0,328* mg	*0,174* ccm	*0,0933* mg.	Äquivalente.

Diese Zahlen heiſsen die elektrochemischen Äquivalente des Silbers, Kupfers und Wassers, und mit ihrer Hülfe lassen sich die Stromstärken der benutzten Elemente berechnen, wie wir bald sehen werden.

So haben wir denn endlich für die uns wichtigen Gröſsen die betreffenden (praktischen) Einheiten oder Maſse gefunden. — Bezeichnen wir noch die Elektricitätsmenge, welche bei 1 Ampère per Sekunde durch den Querschnitt der Leitung flieſst, mit 1 *Coulomb*, so ist die Stromstärke = der Anzahl Coulomb per Sekunde!

Die Einheit der elektromotorischen Kraft = 1 *Volt* (etwa 0,9 Daniell)
-    -   des Widerstandes   = 1 *Ohm*
-    -   der Stromstärke   = 1 *Ampère*.

Nun ist (I. Bd., S. 128) 1 Coulomb = 3000 Millionen elektrostatischer Einheiten der Elektricitätsmenge. Um sich eine Vorstellung von dieser gewaltigen Elektricitätsmenge zu machen, denken Sie sich zwei Coulomb gleichnamiger Elektricität in 1 Kilometer Abstand. Diese würden dann auf einander eine Abstoſsungskraft ausüben, die ausreicht, um 900 kg zu heben!

Unsere Batterie hatte beim letzten Versuch in 5 Minuten, d. h. 300 Sekunden 565 Milligramm Kupfer, also per Sekunde *1,88* Milligramm niedergeschlagen. Die Stromstärke betrug (durchschnittlich) also 1,88/0,328 = 5,7 Ampère, d. h. es flossen in jeder Sekunde 5,7 Coulomb durch den Querschnitt des Leiters.

Jetzt werden Sie einsehen, welch' eine reiche Elektricitätsquelle das unscheinbare galvanische Element ist, und Sie werden sich nicht mehr über die riesige Tragkraft der Elektromagnete wundern.

Ich erinnere Sie nochmals daran, daſs — selbst bei Anwendung konstanter Elemente — die Stromstärke keinen

konstanten Wert hat, noch haben kann (wie die elektromotorische Kraft), da mit jeder Änderung in der Leitung auch
eine Änderung des Leitungswiderstandes und mithin auch der
Stromstärke verbunden ist.

*   *   *

Wenden wir jetzt unsere Aufmerksamkeit wieder dem
Galvanometer zu. — Während ein Strom von 5,7 Ampère
durch die Leitung floſs, zeigte unser Galvanometer im Durch-
schnitt 7,47 Aichungseinheiten; also ist eine Aichungseinheit

Konstante
der
Aichungs-
Skala.

= 5,7/7,47 = 0,763 Ampère. Diese Zahl könnten wir als Konstante der Aichungsskala verwenden, um die Angaben
des Instruments auf Ampère zu reducieren.

Unser Galvanometer hat eine solche Konstruktion, daſs die
Bussole samt dem Kupferringe in horizontaler Richtung gedreht werden kann, wobei wir mit Hülfe des festen Visiers
(vgl. Fig. 37, S. 64) leicht den Drehungswinkel ablesen können;
auſserdem kann der Ring selbst geneigt werden, um die Ausschläge zu vermindern, ohne den Leitungswiderstand zu ändern.
Hierdurch wurde das Graduieren sehr erleichtert. Da nun
nicht alle Galvanometer diese Einrichtung haben, so wird es
Ihnen gewiſs von Interesse sein, zu erfahren: in welcher Beziehung die Ablenkungswinkel (in Graden abgelesen) zur Stromstärke stehen.

Ich entwerfe (Fig. 55) auf der Wandtafel einen Viertelkreis
mit Graden von 0 bis 90 und trage an der Peripherie die bei der
Graduierung (S. 68) gefundenen Skalenwerte auf. Dann ziehe ich
eine Linie (AB) senkrecht zu dem Halbmesser (r), der durch den
Nullpunkt geht, und ziehe von dem Mittelpunkt (M) Strahlen durch
die Skalenpunkte bis zur Linie A B. Die Punkte, wo diese
geschnitten wird, bezeichne ich mit den der Aichungsskala
entsprechenden Ziffern 1, 2, 3 ... u. s. w.

Sie erkennen leicht, daſs auf der Linie A B (fast genau)
gleiche Stücke abgeschnitten werden, d. h.: Die Abschnitte
auf der Linie A B (gezählt von dem Anfangspunkte A)
sind proportional den Aichungsgraden, also proportional der Stromstärke. Einem nach Graden beobachteten Ausschlag des Galvanometers $= a^0$ entspricht auf
A B eine Strecke $= t$. Nun ist aber der Zahlenwert des

Bruches t/r die sogenannte trigonometrische Tangente des Winkels α (t/r = tang α).

Bewirkt nun ein Strom von der Stärke J eine Ablenkung = α^0, so ist die zugehörige Strecke auf A B = t und ist der Stromstärke proportional; desgleichen auch der Bruch t/r (da der Halbmesser r einen unveränderlichen Wert hat). Also ist die (trigonometrische) Tangente des Winkels α^0 (tang α = t/r) ein Maſs für die Stromstärke.

Stromstärke J = k . tang α^0,

wo k ein konstanter Faktor ist, der u. a. von den Dimensionen des Apparates abhängt und der Reduktionsfaktor[17]) der Bussole genannt wird. Diese selbst können wir daher Tangentenbussole (oder Tangensbussole) nennen. (Pouillet 1837.)

Reduktions-
faktor der
Tangenten-
bussole.

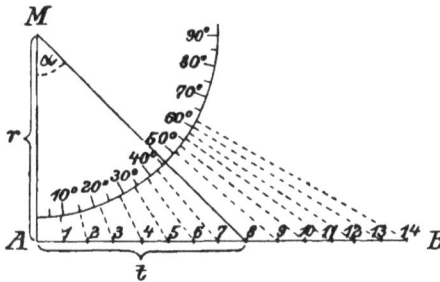

Fig. 55.
Beziehung zwischen der Gradskala und der Aichnngsskala bei der Tangens-Bussole.

Genauere Messungen zeigen nun, daſs für Galvanometer dieser Art thatsächlich die (trigonometrischen) Tangenten der Ausschlagswinkel den betreffenden Stromstärken proportional sind, aber nur dann, wenn die Magnetnadel sehr klein ist im Vergleich zum Durchmesser des Leitungsringes. Das ist nun bei unserem Apparat in einer für unsere Zwecke genügenden Weise der Fall, indem die Länge der Magnetnadel kaum den 10. Teil des Ringdurchmessers beträgt — daher die gute Übereinstimmung in der Länge der einzelnen Abschnitte auf A B, Fig. 53 (vergl. Anh. 9).

*   *   *

---

[17]) Für $\alpha = 45^0$ wird tg $\alpha = 1$, also J = k, d. h. der Zahlenwert des Faktors k giebt die Stromstärke an, welche an dem betreffenden Galvanometer die Ablenkung von 45^0 hervorruft.

IV. Da liegt unsere Kupferplatte noch auf der Wage! Ich
nehme sie und biege sie hin und her; bald hören Sie ein
leises Knistern und — siehe da! eine feine Kupferhaut löst sich
ab, d. h. die eben niedergeschlagene Kupferschicht läfst sich
stellenweise abziehen und zeigt mit photographischer Treue einen
Abdruck der massiven Kupferplatte; nur sind alle Erhabenhei-
ten auf der Kupferhaut vertieft und alle Vertiefungen erhaben.

Galvanoplastik. (in margin)

Diese Beobachtung, welche zuerst von de la Rive (1836)
bekannt gemacht wurde, brachte fast gleichzeitig Jacobi in
Rufsland und Spencer in England auf den Gedanken: auf
galvanischem Wege metallische Abdrücke von verschiedenen
Gegenständen, wie Medaillen u. a., herzustellen, was auch gelang. Jacobi nannte dieses Verfahren Galvanoplastik
(1838), ahnend, dafs diese „galvanischen Nachbildungen" eine
neue Industrie ins Leben rufen würden! — Betrachten Sie die
Figuren dieses Büchleins. Es sind Holzschnitte, aber kein
einziger der Buchsbaumstöcke, auf denen die Zeichnung geschnitten wurde, ist zum Drucken verwandt, sondern von den
Holzschnitten wurde zuerst ein galvanoplastischer Abdruck
hergestellt, der alle Vertiefungen erhaben zeigt und daher das
Negativ genannt wird. Von diesem Negativ wurden die zum
Drucken bestimmten Positive, oder Clichés, in mehreren
Exemplaren galvanoplastisch erzeugt, und zwar aus Kupfer
(oder, nach einem besonderen Verfahren, aus Zink). — Da
nun eine Metallplatte ungleich mehr Abdrücke zu machen
gestattet als ein Stück Holz und von dem Negativ jeder-
zeit beliebig viele Positive von genau gleicher Güte hergestellt werden können, so wird Ihnen der Vorteil dieser Erfindung einleuchten. — Die Kupferplatten, vermittelst welcher
früher die geographischen Karten gedruckt wurden, erforderten
sehr viel Kosten und Zeit und lieferten doch nur eine geringe
Anzahl guter Abdrücke. Jede neue Platte verursachte dieselben Kosten, wobei die genau gleiche Wiedergabe unmög-
lich war. Jetzt wird eine einzige Platte, wenn auch mit doppelten Kosten und doppeltem Zeitaufwand, in dem definitiven
Charakter der Karte, möglichst scharf und genau, entworfen
und dann ein Negativ hergestellt, von welchem die zum Druck
bestimmten positiven Abzüge (Clichés oder Galvanotypen) in
beliebiger Zahl und in völlig gleicher Güte gemacht wer-

Galvanotypie. (in margin)

den. Daher bekommen wir jetzt auch Schulatlasse von vor-
züglicher Güte bei unglaublich niedrigem Preise. — Auch läfst
man — um ein drittes Beispiel anzuführen — solche Bücher,
deren Inhalt keine Änderung erleidet, wie z. B. die Logarith-
mentafeln, einmal setzen, revidiert den Satz auf das Sorgfäl-
tigste und stellt dann galvanotypische Abdrücke des Satzes
her. So ist für weitere Auflagen ein fehlerfreier Druck ge-
sichert (Stereotypen-Druck) und die teuren Lettern können
sofort auseinandergenommen und wieder verwandt werden,
wodurch auch Zeit erspart wird. — Bekannt ist Ihnen, dafs
man jetzt die verschiedensten Gebrauchsgegenstände galvanisch
versilbert, vergoldet oder vernickelt, teils um ihnen ein ge-
fälligeres Aussehen zu geben, teils um sie vor dem Verrosten
zu schützen.

*　　*　　*

V. Da wir gerade bei der technischen Anwendung der
elektrischen Ströme sind, so möge hier eine der interessantesten
und wichtigsten Erfindungen des 19. Jahrhunderts gleich mit
erwähnt werden: der Fernschreiber oder Telegraph.

Das Bedürfnis, wichtige Nachrichten möglichst schnell von
einem Orte zum anderen gelangen zu lassen, hatte zur Konstruktion der optischen Telegraphen geführt, die bis zum
Jahre 1837 im Gebrauche blieben und noch jetzt im Kriegs-
dienst oder bei wissenschaftlichen Expeditionen Verwendung
finden. Die Langsamkeit der Zeichengebung, sowie die Un-
sicherheit des Betriebes, der z. B. durch dichten Nebel ganz
unterbrochen wird, liefsen es wünschenswert erscheinen, die
elektrischen Wirkungen zum Telegraphieren zu verwenden;
und so sehen wir denn auch, nach jeder auffallenderen Entdeckung auf dem Gebiete der Elektricität, die praktischen
Versuche eine neue Richtung einschlagen.

Der Genfer Lesage stellte (1774?) ein Telegraphenmodell Geschichtliches.
zusammen, das aus 24 Drähten bestand, die (an beiden Enden)
mit je einem Buchstaben bezeichnet und mit Hollundermark-
Pendelchen versehen waren. Das Telegraphieren geschah,
indem die betreffenden Drähte mit dem Konduktor einer
Reibungs-Elektrisiermaschine in Verbindung gebracht
wurden, wodurch die Pendelchen an den Enden divergierten.

Dieser Versuch erscheint mehr als eine interessante Spielerei und fand keine praktische Verwendung. Ebensowenig glücklich waren Andere, die den Entladungsfunken der Leydener Flasche zur Zeichengebung benutzen wollten. Der hohe Elektrisierungsgrad dieser Elektricitätsquellen erfordert eine so vorzügliche Isolierung der Leitungsdrähte, wie sie für Versuche im grofsen gar nicht erreichbar ist, daher sind auch alle diese Experimente mit der statischen Elektricität bald der Vergessenheit anheimgefallen.

Da anfangs (bis 1820) nur die chemischen Wirkungen des galvanischen Stromes (die Wasserzersetzung) bekannt waren, so kann es uns nicht wundernehmen, dafs der erste elektrische Telegraph auf diesem Princip begründet war. Sömmering in München stellte (1809) den ersten wirksamen elektrischen Telegraphen her, indem er beide Stationen durch 35 Leitungsdrähte verband, deren Enden (Platin-Elektroden) in einen mit angesäuertem Wasser gefüllten Glaskasten (von unten) geführt waren. Sobald nun — vermittelst einer Klaviatur, die mit Buchstaben und Ziffern versehen war — durch je 2 dieser Drähte ein elektrischer Strom geleitet wurde, stiegen in den entsprechenden Drahtenden kleine Blasen von Knallgas auf und markierten so die betreffenden Zeichen. — Aus dem Gesagten wird Ihnen einleuchten, dafs dieser elektro-chemische Telegraph an Schnelligkeit der Zeichengebung hinter dem optischen Telegraphen zurückstehen mufste, und in der That hat er keine praktische Verwendung gefunden.

Kaum hatte Oersted (1820) seine im Jahre vorher gemachte Entdeckung der Ablenkung der Magnetnadel durch den galvanischen Strom bekannt gemacht, so schlug Ampère vor, die Platin-Elektroden am Sömmering'schen Apparat durch Magnetnadeln zu ersetzen, stellte aber selbst keine praktischen Versuche an. Die vielen Leitungsdrähte hätten auch bei einer Ausführung im grofsen die Kosten sehr bedeutet gemacht.

Den ersten brauchbaren elektro-magnetischen Telegraphen konstruierte (1832 oder zu Anfang des Jahres 1833) Baron Paul Schilling von Cannstadt in St. Petersburg, ein Estländer von Geburt, der mit Sömmering befreundet war, und durch dessen Apparat angeregt wurde (Anh. 10). Fast gleichzeitig, und

Sömmering's elektro-chem. Telegraph.

Erster elektro-magnetischer (Nadel-) Telegraph.

völlig unabhängig davon, stellten (1833) Gaufs und Weber in Göttingen einen elektro-magnetischen Telegraphen zwischen der Sternwarte und dem physikalischen Kabinett, also den ersten Telegraphen im grofsen, her. Sie benutzten übrigens nicht den galvanischen Strom, sondern den magnet-elektrischen Induktionsstrom (s. d. nächsten Vortrag).

Fig. 56 giebt eine Gesamtansicht des ersten Schilling-schen Telegraphen, der noch jetzt in dem Museum des Haupt-

Fig. 56.

Erster elektro-magnetischer Nadel-Telegraph; konstruiert von Schilling 1832/33. B der Anruf-Apparat. [Aus O. Chwolson, Popul. Vorlesungen über Elektr. (russ.) S. 200.]

Telegraphenamts zu St. Petersburg aufbewahrt wird. Sechs an Seidenfäden hängende Magnetnadeln waren mit Multiplikatorwindungen versehen. Diese und ein Anruf-Apparat (B) wurden durch 8 Drähte, von denen einer für die Rückleitung bestimmt war, verbunden. Eine Klaviatur (C) diente zum Schliefsen des betreffenden Stromkreises. Markiert wurde die Bewegung der Nadeln durch kleine Kartonscheiben (p). Diese waren an den Haken befestigt, an welchen die Nadeln hingen. Im Ruhezustande kehrten diese Kartonscheiben dem Zuschauer die scharfe Kante zu, bei der Ablenkung dagegen die eine (weifse) oder die andere (schwarze) Seite. — In der Folge (1835 oder 1836) konstruierte Schilling einen Telegraphen mit nur einer Nadel. Aus der Ablenkung nach Ost oder

West sollten Zeichen für die Buchstaben vereinbart werden, doch war es dem Erfinder nicht vergönnt, diese Idee praktisch zu verwerten, da er bald darauf starb (1837).

Wichtig für die praktische Ausführung der Telegraphen war die Entdeckung v. Steinheil's in München (1838), dafs man bei Telegraphenleitungen den zweiten Draht ersparen könne, wenn man die Erde selbst als Rückleitung[18]) benutzt, indem man an die Enden der Drähte starke Kupferplatten lötet und diese in feuchtes Erdreich (oder in Wasser) versenkt.

Wheatstone suchte (1840) bei seinem Zeigertelegraphen die Unbequemlichkeit besonderer, vereinbarter Zeichen zu vermeiden. Der durch einen Elektromagnet bewegte Zeiger markierte durch seine Stellung die am Rande der Scheibe befindlichen Buchstaben und Ziffern. Dieser Apparat wirkte langsam und unsicher.

Morse's Schreibtelegraph.   Die elektro-magnetischen Telegraphen fanden bald Eingang, wurden aber, mit Ausnahme der unterseeischen Telegraphen (s. w. u.), in kurzer Zeit durch den elektro-magnetischen Schreibtelegraphen verdrängt, den der Amerikaner Morse (1835) erfand und dem Robinson im wesentlichen die noch jetzt gebräuchliche Form gab.

Von dem Morse'schen Telegraphen zeige ich Ihnen hier (Fig. 57) ein Modell, bei welchem alle Nebenteile fortgelassen sind. Wird durch den Elektromagnet (M) durch Herabdrücken des Kontaktschlüssels (S) ein Strom geleitet, so zieht er den

---

[18]) Dies ist nicht in dem Sinne zu verstehen, als ob der Strom thatsächlich in der Erde von der einen Station zur anderen fliefst, sondern die Erde wirkt hier wie ein (für die von uns erzeugten Elektricitätsmengen) unendlich grofses Reservoir, wohin aller Überschufs abfliefsen, oder von wo jeder Mangel ersetzt werden kann, ohne dafs sein elektrisches Niveau merklich geändert wird. Um sich das klar zu machen, denken Sie sich am Meeresufer eine Pumpstation, die das Meerwasser in eine Röhrenleitung befördert, von der es an einer anderen Stelle sich wieder ins Meer ergiefst. Hierbei ist es nun durchaus nicht erforderlich, dafs dieselben Wasserteilchen, welche ins Meer flossen, nach der Pumpstation zurückkehren, also im Meere einen Strom hervorrufen. Besonders einleuchtend wird Ihnen das erscheinen, wenn Sie in Gedanken die Pumpstation auf die Landenge von Panama versetzen, wo sie aus dem Grofsen Ocean das Wasser in eine Röhrenleitung befördert, durch welche das Wasser bis in den Atlantischen Ocean geleitet wird. Hier kann von einer „Rückströmung" des Wassers keine Rede sein.

Eisenanker (a), der an einem Hebel (h) befestigt ist an. Hierdurch drückt das am anderen Ende befindliche Rädchen (r), welches in der Ruhelage in eine geeignete Farblösung taucht, gegen den Papierstreifen (p), während dieser über eine [bei den gebräuchlichen Telegraphen durch ein Uhrwerk getriebene] Walze sich bewegt. Der Abstand der beiden Rollen (w w) ist in Fig. 57 der Deutlichkeit wegen zu grofs gezeichnet. Sie berühren sich. Schliefst man den Strom nur auf einen Moment, so druckt der Farbschreiber einen sehr kurzen Strich („Punkt") auf das Papier, während bei etwas längerem Stromschlufs ein „Strich" entsteht. Aus Punkten und Strichen setzt sich das Morse'sche Alphabet, sowie alle Zeichen für Ziffern, Inter-

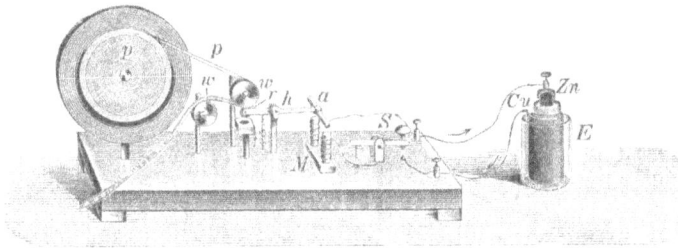

Fig. 57.

Modell des Morse'schen Schreibtelegraphen. $^1/_{10}$ natürl. Gröfse. M Elektromagnet; h Hebel mit dem Anker (a) und der kleinen Schreibrolle (r), die in der Ruhelage in die Farbschale (f) taucht; p Papierrolle, von der der Papierstreifen über die Walzen (w w) geführt ist; S der Kontaktschlüssel.

punktionen u. a. zusammen. Hierbei sind diejenigen Buchstaben, welche am häufigsten vorkommen, durch die kürzesten Zeichen wiedergegeben, z. B. e durch 1 Punkt, i durch 2 Punkte, t durch 1 Strich u. s. w.

In der folgenden Skizze (Fig. 58) sehen Sie eine Telegraphenanlage schematisch dargestellt. Bei A ist die Abgangsstation, von welcher nach B telegraphiert wird. Durch Niederdrücken des Schlüssels (S_1) wird die Lokalbatterie (B_1) geschlossen und umkreist den Elektromagnet der Empfangsstation, deren Batterie (B_2) bei der Ruhestellung des Schlüssels (S_2) aufser Thätigkeit gesetzt ist. Zur Kontrolle des Vorhandenseins des Stromes dienen die Galvanoskope ($G_1 G_2$).

So sehr der Morse'sche Schreibtelegraph den Nadeltelegraphen an Schnelligkeit und Sicherheit der Zeichengebung

noch übertrifft — ganz verdrängen konnte er ihn nicht, denn
die Kraft, welche erforderlich ist, um einen Hebel in Bewegung zu setzen, ist natürlich viel gröfser, als die zur Ablenkung der Magnetnadel eines Multiplikators nötige Kraft.
Daher werden in solchen Fällen, wo nur schwache Ströme angewendet werden können, oder wo der Strom durch den sehr
grofsen Widerstand des Leiters zu sehr geschwächt wird, die
Nadeltelegraphen vorzuziehen sein. Das ist z. B. bei den unterseeischen Telegraphenleitungen, den Kabeln, der Fall. Da

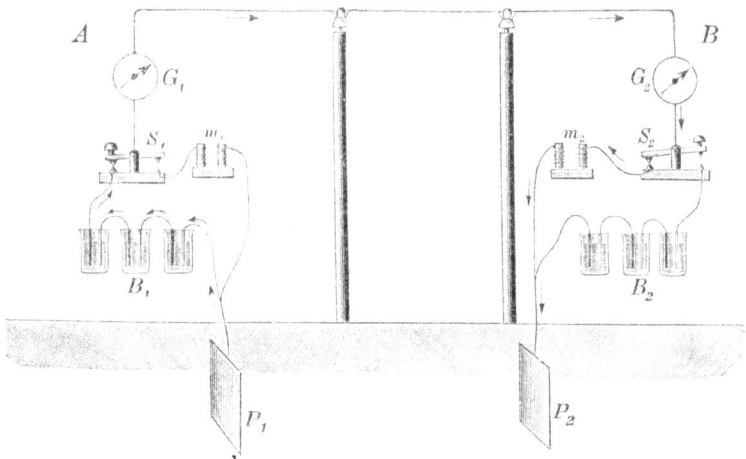

Fig. 58.

Schematische Darstellung einer Telegraphenanlage. A Abgangs-, B Endstation; Schlüssel
bei A Stromschluss, bei B Ruheschluss; B Batterie (in A geschlossen, in B ausgeschaltet)
G Galvanometer zum Nachweis des Stroms; P₁ P₂ Kupferplatten der Erdleitung.

die hier auftretenden Erscheinungen und die verwendeten
Apparate sehr komplicirt sind, so können wir nicht näher
darauf eingehen, ohne die Grenzen dieses Büchleins zu über-
schreiten.

*   *   *

Nachdem wir die Anwendung des elektrischen Stromes in
der Telegraphie etwas ausführlicher besprochen haben, wollen
wir unsere Aufmerksamkeit wieder auf Wirkungen des Stromes
richten und zwar auf die Erscheinungen, welche aufser der
Erwärmung des Leiters oder der sogenannten „Wasserzersetzung" in einem flüssigen Leiter auftreten können.

VI. Den positiven Pol eines grofsen Chromsäure-Elements
(E, Fig. 59) verbinde ich durch einen Draht (d₁) mit der einen
Platinelektrode eines Knallgas-Voltameters (vergl. S. 100) und
zugleich durch einen abgezweigten Draht (d'₁) mit dem Galvanometer. Von hier führt ein Draht (d₂) zu einer Klemmschraube des

Quecksilbernäpfchens. Ein Stahldraht ist hakenförmig gebogen
und so auf dem Holzklötzchen des
Näpfchens befestigt, dafs er nahe
über der Quecksilberfläche
schwebt, aber durch einen leichten Druck zum Eintauchen gebracht werden kann. In gleicher
Weise ist der von dem zweiten
Pole des Elements kommende
Draht (d₃) angebracht, während
der Verbindungsdraht der zweiten
Platinelektrode des Voltameters
(d₄) beständig eintaucht.

Nun lege ich den Zeigefinger
auf den Haken des Drahtes d₃
(A, Fig. 59) und drücke ihn nach
unten, wodurch der Strom geschlossen wird und durch d₁, das
Voltameter (von links nach
rechts), d₄ und d₃ fliefst, während
das Galvanometer ausgeschaltet

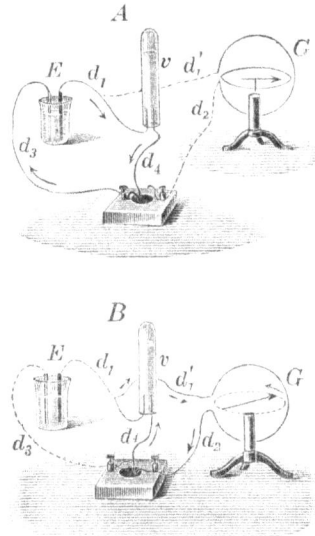

Fig. 59.
Galvanische Polarisation. ¹/₁₅ natürl. Gr.
A Element (E) und Voltameter (v) verbunden. B Voltameter und Galvano (G)
verbunden. (Die nicht geschlossene Stromleitung ist punktiert angeführt.)

ist (die unterbrochene Leitung ist in Fig. 59 punktiert angegeben). Wenn ich nun den Drahthaken d₃ emporschnellen lasse
und sofort mit dem Mittelfinger den Haken von d₂ eintauche, so
ist das Element ausgeschaltet, dagegen ein geschlossener Kreis
zwischen dem Voltameter und dem Galvanometer hergestellt
(B, Fig. 59). — — So! Sehen Sie — das Galvanometer giebt
einen Ausschlag, ohne mit dem Element verbunden
zu sein! Ein Blick auf die Magnetnadel zeigt Ihnen, dafs der
nordsuchende Pol nach Westen ausschlug, also der (positive)
Strom über der Nadel nach Norden, *mithin im Voltameter von
rechts nach links, d. h. in umgekehrter Richtung fliefst*, wie während
der Verbindung mit dem Element.

8*

Dieselbe Erscheinung beobachten wir, wenn wir statt des Voltameters ein Glasgefäfs nehmen, wo die Platin-Elektroden in eine Lösung von salpetersaurem Silber tauchen. Hier wird an der einen Platte Silber niedergeschlagen; es stehen also nicht mehr zwei gleiche Platinplatten, sondern eine reine Platinplatte und eine versilberte in der Flüssigkeit. Da ist die Entstehung eines Stromes begreiflich. Aber auch beim Knallgas-Voltameter sind die Platinplatten durch die Berührung mit verschiedenen Gasen (an der einen Wasserstoff, an der anderen Sauerstoff), die sich bilden, in einen äufserlich nicht wahrnehmbaren verschiedenen Zustand versetzt, sodafs sie wie zwei verschiedene Metalle elektromotorisch wirken. Man bezeichnet diesen Zustand als Polarisation und nennt den bei Verbindung der „polarisierten" Elektroden auftretenden Strom den Polarisationsstrom (Ritter 1803).

Wie wir sahen, ist der Polarisationsstrom dem ursprünglichen entgegengesetzt, mufs ihn also schwächen. Nach dem Ohm'schen Gesetz hatten wir für feste Leiter das Gesetz: Stromstärke = Elektromotor. Kraft des Elem./Gesamtwiderstand. Sind aber polarisierbare Leiter in einer Flüssigkeit eingeschaltet, so lautet das Gesetz:

$$\text{Stromstärke} = \frac{\text{Elektrom. Kraft d. Elem.} - \text{Elektrom. Kraft d. Polarisation}}{\text{Gesamtwiderstand}}.$$

Unter der galvanischen Polarisation haben wir also eine solche Veränderung der Oberfläche von Leitern (die in eine geeignete Flüssigkeit tauchen) zu verstehen, durch welche ein dem ursprünglichen Strome entgegengesetzter Strom, der „Polarisationsstrom" oder „sekundäre Strom", erzeugt wird, welcher den primären Strom schwächt. Wie die Versuche zeigen, hängt die elektromotorische Kraft des Polarisationsstromes von der chemischen Natur der eintauchenden Metallplatten und der betreffenden Flüssigkeit ab, sowie teilweise auch von der elektromotorischen Kraft des primären Stromes. Es zeigt sich nämlich, dafs bei einer allmählichen Steigerung der elektromotorischen Kraft des primären Stromes die des Polarisationsstromes anfangs der ersteren gleich ist, bis ein gewisser Wert erreicht ist, von

dann ab bleibt die elektromotorische Kraft des Polarisationsstromes konstant. So liegt das Maximum für Platinelektroden
in destilliertem Wasser etwa bei 2,03 Daniell (2,17 Volt), dagegen bei angesäuertem Wasser bedeutend niedriger, etwa bei
1,6 Daniell (1,8 Volt). Wird der primäre Strom weiter verstärkt, so tritt die sichtbare Wasserzersetzung ein[19]). Kupferplatten in Lösung von Kupfervitriol zeigen nur eine schwache,
und amalgamierte Zinkplatten in Zinkvitriollösung
gar keine Polarisation. Daher benutzten wir diese bei
unserem Stromdämpfer (S. 73).

Die „sekundären Elemente“, wie man die zur Stromerzeugung   Sekundäre
Elemente.
dienenden Polarisationsapparate auch nennt, haben natürlich ein
Maximum von elektromotorischer Kraft, das nicht überschritten
werden kann. In neuerer Zeit haben sie in der Technik Verwendung gefunden. Nach einem Vorschlage von Sinsteden (1854)
stellte Planté (1859) sekundäre Batterieen aus Bleiplatten her,
die — von einander isoliert — in verdünnter Schwefelsäure stan-
den. Wird eine solche Batterie „geladen“, d. h. mit einer Stromquelle verbunden, so wird an der Platte, wo der (positive) Strom
eintritt, eine chemische Verbindung von Blei und Sauerstoff
(Bleisuperoxyd) gebildet, während die andere Platte sich mit
Wasserstoffbläschen bedeckt oder, wenn sie oxydiert war, eine
Schicht von schwammigem, metallischem Blei ansetzt, indem
das Oxyd reduciert wird.

Wird der primäre Strom unterbrochen und eine leitende
Verbindung zwischen den Bleiplatten hergestellt, so fließt durch
den Leiter ein Strom von nahezu konstanter elektromotorischer
Kraft (etwa 2 Volt) und anfangs hoher, aber rasch und stetig
abnehmender Stromstärke. Die Richtung des sekundären Stromes
ist natürlich die entgegengesetzte, wie die des ladenden primären,
d. h. die mit Bleisuperoxyd bedeckte Platte bildet den
positiven Pol.

---

[19]) Da die elektromotorische Kraft eines Daniell'schen Elements
1,1 Volt beträgt, so hätten wir die sogen. Wasserzersetzung mit einem
solchen nicht erreicht. Ebenso hätte die Parallelschaltung Daniell'-
scher Elemente zu einer Batterie nicht geholfen, da dadurch wohl die
Stromstärke (d. i. die Elektricitätsmenge) vergröfsert, die elektromotorische Kraft aber unverändert geblieben wäre.

Eine wesentliche Verbesserung erfuhren die sekundären Elemente durch Faure (1881) u. a. dadurch, dafs statt der schweren Bleiplatten Gitter aus Blei angewandt wurden, deren Oberfläche mit einer Schicht Mennige (einer Sauerstoffverbindung des Bleis) bedeckt war. Diese wird am positiven Pol direkt in Bleisuperoxyd übergeführt und am anderen Pol in sehr lockeres metallisches Blei reduciert, wodurch das Laden wesentlich erleichtert und beschleunigt wird. Die Menge des gebildeten Bleisuperoxyds ist ein Mafsstab für die Menge der aufgespeicherten elektrischen Energie. Dafs diese nie gröfser sein kann als die zum Laden verwandte, braucht wohl kaum besonders betont zu werden. In Wirklichkeit tritt ein Verlust von 30—40% an elektrischer Energie auf, der in Zukunft durch bessere Konstruktion dieser Apparate, die Akkumulatoren (Ansammler) genannt werden, wohl vermindert, aber nicht ganz aufgehoben werden kann. Ein Übelstand der Akkumulatoren liegt darin, dafs das Bleisuperoxyd beim Stehen aus der Schwefelsäure Wasserstoff aufnimmt und sich zu Bleioxyd reduciert, womit ein Verlust an der aufgespeicherten elektrischen Energie verbunden ist.

Da der Akkumulatoren-Strom von kürzerer Dauer ist als (bei Anwendung von galvanischen Elementen) der Ladungsstrom, so ist die Stromstärke, wenigstens anfangs, gröfser. Wurden die Akkumulatoren bei paralleler Schaltung geladen, so kann durch Schaltung hintereinander ein (schwächerer) Strom von grofser elektromotorischer Kraft erhalten und nach Bedarf (z. B. zur elektrischen Beleuchtung etc.) verwandt werden. Die Akkumulatoren bilden so ein transportables Magazin elektrischer Energie.

*   *   *

Wir haben bisher ausschliefslich galvanische Elemente zur Erzeugung des elektrischen Stromes benutzt. Jetzt wollen wir uns nach anderen Elektricitätsquellen umsehen.

Wie wir sahen, ist die Ursache des elektrischen Stromes die Erzeugung einer elektrischen Niveaudifferenz an einer beliebigen Stelle eines (geschlossenen) Leiters. Wird diese Niveaudifferenz (wie es durch die chemische Wirkung bei galvanischen

Elementen der Fall ist) dauernd erhalten, so ist auch der elektrische Strom ein dauernder.

Hier sehen Sie (A, Fig. 60) einen Bügel aus Kupferblech (Cu) auf einem flachen Wismuthstabe (Bi) festgelötet und innerhalb dieses geschlossenen Metallrahmens eine Magnetnadel auf einer Stahlspitze schwebend angebracht. Ich bringe den Bügel in den magnetischen Meridian und erwärme die nördliche Lötstelle an einer Spiritusflamme — sofort sehen Sie das Ihnen zugekehrte Nordende der Nadel nach Osten ausschlagen, mithin ist ein elektrischer Strom aufgetreten, der über der Nadel nach Süden, also an der erwärmten Lötstelle

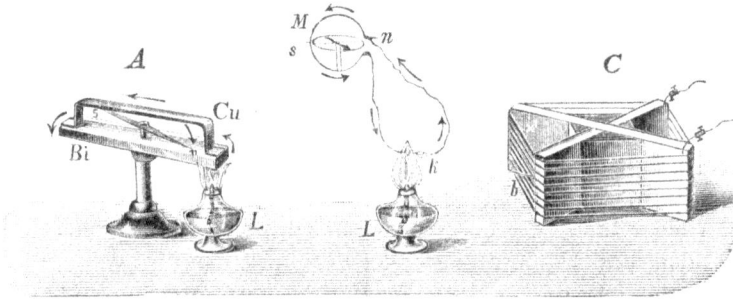

Fig. 60.
A Thermo-Element nach Seebeck. $^{1}/_{5}$ natürl. Größe.
B Thermo-elektrischer Strom bei gerecktem und erwärmtem Draht. $^{1}/_{10}$ natürl. Größe.
C Thermosäule nach Magnus aus hartem, stellenweis geglühtem Messingdraht.
$^{1}/_{3}$ natürl. Größe.

vom Wismuth zum Kupfer geht. Das Umgekehrte ist der Fall, wenn ich dieselbe Lötstelle durch Anlegen eines Stückes Eis abkühle. Diese durch Erwärmung hervorgerufenen elektrischen Ströme wurden von Seebeck (1823) entdeckt und thermo-elektrische Ströme genannt. Den kleinen Apparat (A, Fig. 60) können wir als thermo-elektrisches Element, oder kurz als Thermoelement bezeichnen.

Versuche, die man mit den verschiedensten Metallen anstellte, ergaben, daß man sie so in eine Reihe ordnen kann, daß bei Erwärmung der Lötstelle der Strom immer von dem in der Reihe tieferstehenden zu dem höherstehenden fließt. In Analogie zu der uns bekannten elektrischen Spannungsreihe (I. Bd. S. 13) nannte man diese Reihenfolge der Metalle die

Thermo-elektrische Reihe:

$+$ Antimon $\leftarrow$ Eisen $\leftarrow$ Zink $\leftarrow$ Silber $\xrightarrow{\text{(Leitungsdraht)}}$ Gold $\leftarrow$ Kupfer $\leftarrow$ Platin $\leftarrow$ Wismuth $-$

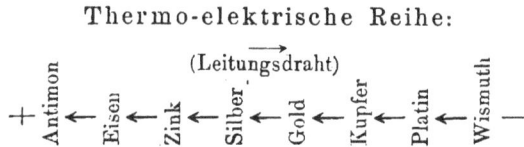

Auch hier kann man beobachten, daſs zwei Glieder der Reihe eine um so gröſsere elektrische Niveaudifferenz zeigen, je weiter sie in der Reihe auseinanderstehen. Von obigen Metallen wird also ein Antimon-Wismuth-Element am wirksamsten sein. [Das Zeichen $+$ und $-$ giebt die Art der Elektricität an den freien Polen an. In dem Verbindungsdraht, eines Antimon-Wismuthstabes z. B., geht der Strom vom Antimon zum Wismuth, also an der Lötstelle (beim Erwärmen) vom Wismuth zum Antimon!]

Die thermo-elektrischen Ströme können auch bei einem Metall allein auftreten, wenn ein Stück des betreffenden Drahtes stark gereckt oder gedreht und die Grenzstelle erwärmt wird. Ich nehme einen Kupferdraht (B, Fig. 60) und mache an einer Stelle einen Knoten, den ich recht fest anziehe. Die Enden des Kupferdrahtes (d) verbinde ich mit dem Multiplikator (M), der mehrere Windungen aus starkem Draht hat (vergl. Fig. 62, S. 125). Sobald ich in der Nähe des gereckten Drahtstückes eine Spiritusflamme halte, zeigt die Magnetnadel einen Strom an.

Auch das stellenweise Ausglühen eines Drahtes stört seine Homogenität. Ich nehme einen langen harten Messingdraht, wickele ihn vorläufig auf ein Holzkreuzchen (C, Fig. 60) und bezeichne die Mitten der kurzen Seiten mit schwarzem Lack (Schellacklösung mit Kienruſs). Darauf wickele ich den Draht wieder ab, glühe die Zwischenräume abwechselnd aus und wickele den Draht wieder auf. Jetzt stehen die Grenzstellen übereinander. Verbinde ich die Enden wieder mit dem Multiplikator, so genügt schon die Annäherung der Hand an die eine Grenzstelle (x′ b), um eine Ablenkung zu erhalten. Da hier die Wirkung mit der Anzahl der Grenzstellen wächst, so kann man einen solchen Apparat eine Thermo-Säule nennen.

Mittelst einer geeigneten Thermo-Säule und einem ent-

sprechenden Multiplikator lassen sich sehr geringe Tempe-
raturdifferenzen nachweisen, sodafs ein solches Instrument
als ein höchst empfindliches Differential-Thermometer verwandt
werden kann. Ebenso können stärkere, hartgelötete Thermo-
säulen, die eine längere Erhitzung an einer Flamme vertragen,
benutzt werden, um konstante Ströme zu erzeugen, die sich
statt der galvanischen verwenden lassen. Eine nähere Be-
schreibung derselben würde uns jedoch zu weit führen.

Damit wollen wir für heute schliefsen. Das nächste Mal,
wo wir unseren Kursus beenden, werden Sie die mächtigste
Elektricitätsquelle kennen lernen — die magneto-elektrische
Induktion!

VI. Vortrag.

Faraday's Fundamentalversuch. — Demonstrations-Multiplikator; Astatische Nadel; Aperiodische Schwingung der Magnetnadel. — Erzeugung magneto-elektrischer Induktionsströme durch Bewegung eines Leiters im magnetischen Felde; Richtung der Induktionsströme (Regeln von Lenz und Faraday). — Induktionswirkung einer schwingenden Magnetnadel auf eine Kupferscheibe (Dämpfung der Schwingungen bei Galvanometernadeln). — Selbstinduktion einer Drahtspule (Extrastrom); Induktionsrolle (Wirkung des Wechselstromes auf Geissler'sche und Puluj'sche Röhren). Magneto-elektrische Maschinen. — Siemens' dynamo-elektrisches Princip. — Einfluſs der Anwesenheit von weichem Eisen im magnetischen Felde auf den Verlauf der magnetischen Kraftlinien; der Pacinotti'sche und der Gramme'sche Ring; v. Hefner-Alteneck's Trommelinduktor. — Verschiedene Schaltungsweise bei der Dynamomaschine. — Verwendung dynamo-elektrischer Ströme; elektrische Arbeitsübertragung. — Das Telephon; das Mikrophon. — Schluſs.

Die wichtigsten Erscheinungen und Verwendungen des galvanischen Stromes haben wir auf unseren Wanderungen kennen gelernt. Ein Blick auf den zurückgelegten Weg zeigt Ihnen, daſs wir oft von der geraden Richtung abgewichen sind. Zürnen Sie darum Ihrem Führer nicht! Wenn er Sie Seitenpfade einschlagen lieſs, so geschah es, um Ihnen neue Aussichtspunkte zu eröffnen, oder weil dieser Umweg gangbarer war, und wenn Sie eine Stelle zum zweiten Mal betraten, so geschah es von einer anderen Seite, sodaſs Sie ein vollständigeres Bild der Örtlichkeit erhielten. Wir sahen das letzte Mal:

Rückblick.

   1. Die dynamischen Wirkungen des galvanischen Stromes äuſsern sich u. a. als thermische und als chemische Wirkungen. Erstere zeigen sich in der Erwärmung des Leiters, die bei genügender Stromstärke und gröſserem Widerstande eines Leiterstückes ein lebhaftes Erglühen desselben bewirkt. Bei geeigneten flüssigen Leitern bewirkt der Strom eine Zerreiſsung der chemischen Verbindungen, und läſst gewisse Grundstoffe sich rein ausscheiden (Elektrolyse). Durch geeignete Vorrichtungen können die sich absetzenden Metallteile als Abdruck verwandt (Galvanoplastik)

oder als schützender Überzug belassen werden (galvanische Vernickelung, Vergoldung u. s. w.).

2. Die durch den galvanischen Strom niedergeschlagene
   Menge eines Metalls (Kupfer oder Silber) oder die
   Menge des ausgeschiedenen Knallgases ist der Strom-
   stärke proportional. (Das Metall geht mit dem Strom).
   So war man in den Stand gesetzt, durch Versuche die
   elektrochemischen Äquivalente der Stromstärke zu
   bestimmen (1 Ampère scheidet per Sekunde 1,118 mg
   Silber, oder 0,328 mg Kupfer aus und zersetzt 0,0933 mg
   Wasser oder bildet 0,174 ccm Knallgas).

3. In gewissen flüssigen Leitern wird durch den elektrischen Strom ein Gegenstrom (Polarisationsstrom
   oder sekundärer Strom) hervorgerufen, der nach dem
   Aufhören des primären Stromes noch anhält. Die Stärke
   des sekundären Stromes wächst, bei Steigerung der
   Stromstärke des primären, rasch bis zu einem konstanten Maximum, das bei Bleiplatten in verdünnter
   Schwefelsäure (Akkumulatoren) einer Poldifferenz von
   2 Volt entspricht. Diese Akkumulatoren können als
   transportable Strom-Ansammlungsapparate dienen. Ver-
   schiedenartige Metalle zeigen, wenn sie an der Lötstelle erhitzt werden, an den freien Enden eine elektrische Poldifferenz und liefern bei leitender Verbindung der Enden einen elektrischen Strom (Thermo-
   strom). Mit Hülfe geeigneter Apparate dieser Art
   lassen sich sonst unmerklich kleine Temperaturdiffe-
   renzen nachweisen.

*   *   *

Wenden wir jetzt unsere Aufmerksamkeit wieder den Magneten zu. Wir haben die Wechselwirkung zwischen Magneten
und beweglichen Stromleitern beobachtet und erfahren, daſs
die galvanischen Ströme Elektromagnete von riesiger
Tragkraft hervorzubringen vermögen. Sollten wir nicht auch
mit Hülfe von Magneten elektrische Ströme erzeugen
können? Diese Frage lag schon damals nahe, aber ich wollte
Ihnen zuerst die Eigenschaften des galvanischen Stromes zeigen,
ehe ich dieses neue Gebiet betrete, dessen eigentümliche Schön-

heit Ihnen den Genuſs der anderen elektro-dynamischen Erscheinungen verkümmert hätte. Über dem Eingangsthor dieses
Gebiets prangt in glänzenden, unverlöschlichen Zügen der Name
eines der genialsten Physiker aller Zeiten, des bahnbrechenden
Erforschers der Elektricität: „*Michael Faraday*".

Ein starker hufeisenförmiger Stahlmagnet (M, Fig. 61), der
aus mehreren flachen Stahlplatten (Lamellen) zusammengesetzt
ist, hat einen ebenfalls hufeisenförmigen Anker aus weichem
Eisen (A), dessen Schenkel von einem starken, umsponnenen
Kupferdraht in entgegengesetzter Richtung umwickelt sind.
Die an diesen Draht gelöteten Leitungsdrähte ($d_1 d_2$) sind an
Stücke Messingrohr befestigt, die Sie als Handhaben ($h_1 h_2$) be-
nutzen können, wenn Sie als Stromprüfer dienen wollen.

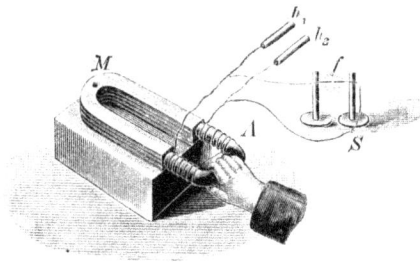

Fig. 61.
Faraday's Fundamentalversuch der magneto-elektrischen Induktion. $1/_{10}$ natürl. Gröſse.

Ich fasse den Anker in der Mitte, lege ihn an die Pole
des Magnets und halte diesen mit der linken Hand fest. Haben
Sie die Handhaben gefaſst? Ja! Nun werde ich den Anker
rasch abreiſsen, so — — Sie fahren zusammen, als ob ein elektrischer Schlag Sie durchzuckt hätte, und das ist in der That
geschehen. Ich führe die Ableitungsdrähte zu zwei Glasstän-
dern (S) und nähere ihre ösenförmig gebogenen Enden bis auf
$1/_2$ mm etwa, und verdunkele das Zimmer für einige Minuten.
Sobald ich jetzt den wieder angelegten Anker abreiſse, springt
bei der Drahtlücke ein Fünkchen über — ein Beweis
dafür, daſs hier ein zwar nur momentaner Strom, ein sogenannter
„Stromstoſs", aber von bedeutender elektromotorischer Kraft
entstanden ist. In diesem Fundamentalversuch Faraday's
(1831) ist, wie in einem Keime, die ganze Reihe der modernen
dynamo-elektrischen Maschinen im Princip enthalten.

Unsere Aufgabe ist es nun, die Ursache dieses „magneto-
elektrischen Stromes" aufzufinden. Bevor wir an die
nötigen Versuche gehen, wollen wir bei unserem Multiplikator
(Fig. 35, S. 58) einige Umänderungen vornehmen, wodurch seine
Empfindlichkeit vergröfsert und das lästige und zeit-
raubende Hin- und Herschwingen der Magnetnadel
beseitigt wird. Die Erhöhung der Empfindlichkeit erreichen
wir leicht durch eine eigentümliche Kombination zweier Magnete

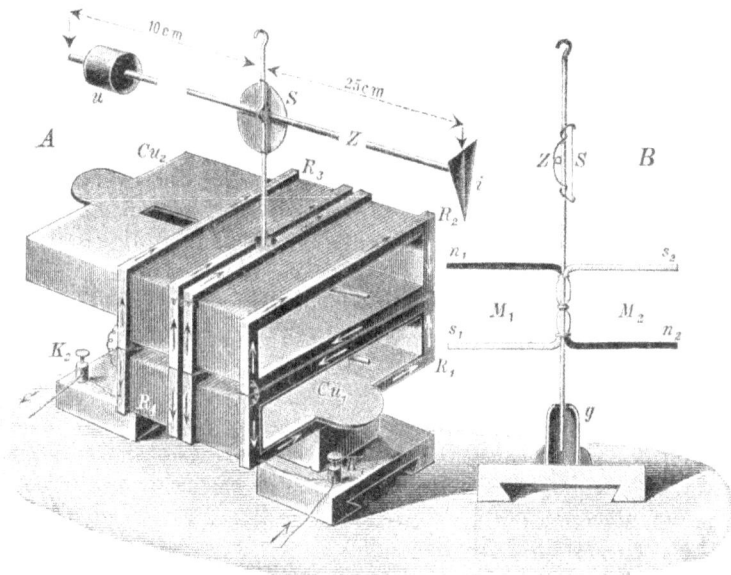

Fig. 62.

A Demonstrations-Multiplikator mit Kupferdämpfung (Cu) und Zeiger (Z). $^1/_2$ natürl.
Gröfse. B Astatische Nadel nach Hempel, modificiert und vereinfacht; mit einstell-
barem Spiegel (s) aus einem versilbertem Deckgläschen. $^1/_2$ natürl. Gröfse.

(B, Fig. 62). Jeder der beiden hufeisenförmigen Magnete ($M_1 M_2$)
besteht aus einem Stahldraht (von 0,5 mm Dicke; s. Anh. 11), der
nach dem Ausglühen im mittleren Teil vierkantig gehämmert und
an drei Stellen mit einer eingefeilten Rinne versehen ist. Nach
dem Härten und Magnetisieren wurden die Magnetstäbchen an den
hier auch vierkantigen Neusilberdraht mit feinem Kupferdraht
festgeschnürt, sodafs ihre ungleichnamigen Pole ($n_1 s_2$ und $n_2 s_1$)
in eine Gerade fallen. Das untere Ende des Neusilberdrahtes

Astatische
Nadel.

taucht in ein leeres Glasröhrchen (g) mit glattem, etwas ver-
engertem Rande. Oben trägt der Neusilberdraht einen Zeiger (Z),
der aus einem Strohhalm besteht und am kurzen Ende mit
einem entsprechenden Übergewichtchen (u) aus Kork versehen
ist, um das Gleichgewicht herzustellen.

Durch diese Kombination der Magnete ist die Richtkraft
der Erde fast völlig aufgehoben (astatische Nadel). Die
Drähte des Multiplikators auf je zwei Doppelrahmen ($R_1 R_2$ und
$R_3 R_4$) so gewickelt, daſs der durch die Klemmschrauben ($K_1 K_2$)
geleitete Strom im oberen und unteren Rahmen in entgegengesetzter, dagegen in den beiden unteren oder beiden oberen
Rahmen in gleicher Richtung flieſst, wodurch der Strom in
allen vier Rahmen die Nadel in demselben Sinne zu drehen
strebt. [Sie können sich nämlich den oberen Teil der astatischen Nadel, der aus den Schenkeln n_1 und s_2 gebildet wird,
und ebenso den unteren Teil ($n_2 s_1$) als Magnetnadeln für
sich betrachten. Aus solchen übereinander befestigten Magnetnadeln bestehen die gewöhnlichen astatischen Nadeln. Die hier
angegebene Konstruktion ist viel leichter herstellbar und bleibt
dauernd astatisch, was bei den anderen durchaus nicht der
Fall ist.]

Um nun auch noch das Schwingen der Nadel möglichst
zu beseitigen, schiebe ich in den oberen und unteren Hohlraum der Doppelrahmen je einen Kupfer-Dämpfer (Cu bei A,
Fig. 62), der aus einer flachen Hülse aus starkem Kupferblech
besteht, dessen kurze Kanten verlötet sind (s. Anh. 11). Der Zweck
dieser Kupferhülsen wird Ihnen gleich klar werden. Da diese
flache Hülse durch beide Seiten des Rahmens ($R_1 R_4$) resp.
$R_2 R_3$) reichen muſs, ist ein schmaler Ausschnitt für den mittleren Teil der astatischen Nadel und den Neusilberdraht angebracht. Zur Probe berühre ich die Klemmschrauben ($K_1 K_2$)
der Rahmen mit den Poldrähten eines unserer kleinen Zink/
Kupfer-Elemente, wobei ich den Kupferpol mit k_1 verbinde
(sodaſs die $+ E$ hier eintritt) — die Nadel schlägt heftig aus
und bleibt, fast ohne zu schwingen, nahezu rechtwinklig zum
Rahmen stehen; ebenso kehrt sie, nach Unterbrechung des
Stromes, unmittelbar in ihre Ruhelage zurück. Den Grund dafür werden wird bald kennen lernen. Eine solche Bewegung
der Nadel nennen wir *aperiodisch*. Merken Sie sich aber, daſs,

wenn der Zeiger der Nadel — wie in diesem Falle — von
dem Nullstrich der Skala (s. Fig. 35, S. 58) nach rechts abgelenkt wird, der zugeführte Strom von der Klemmschraube k_1
(die mit dem Zeichen + markiert ist) durch den Multiplikator-
draht nach k_2 fließt, also bei k_2 austritt!

*   *   *

Da, wie wir bereits wissen, die Elektromagnete weit kräftiger sind als die Stahlmagnete, so umwickele ich einen Eisenstab mit dickem isolierten Draht (Fig. 63) und binde ihn an

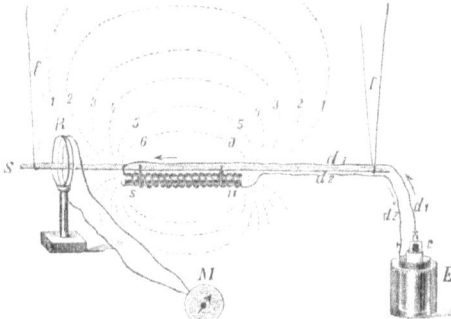

Fig. 63.
Erzeugung magneto-elektrischer Ströme durch Verschiebung des Leiters (R) im
magnetischen Felde. $^1/_{20}$ natürl. Gröfse.

einen dünnen Stab aus Kiefernholz (S), wobei ich die Drähte eine
Strecke längs dem Holzstabe und dann zu einem grossen Bunsen'schen Chromsäureelement (E) führe. Nun bedecke ich
den Elektromagnet mit einem weissen Karton, bestreue diesen
mit Eisenfeilspähnen und klopfe mit dem Finger daran — sofort sehen Sie die Feilspähne sich in eigentümlichen Kurven,
den magnetischen Kraftlinien, anordnen, von denen einige
in Fig. 63 angedeutet sind. Halte ich den Karton fest und
drehe den Magnet um seine Achse, so werden die jetzt sicht-
baren Kraftlinien wegen der symmetrischen Form des Magnets
sehr ähnlich den vorigen sein, aber doch räumlich einer anderen Schnittebene entsprechen. Wir sehen hieraus jedenfalls,
dafs der ganze Raum, welcher den Elektromagnet umgiebt, von magnetischen Kraftlinien durchsetzt ist.

Dieses gesamte Wirkungsgebiet des Magnets nennen wir das *magnetische Feld.*

Nun unterbreche ich den Strom des Elektromagnets (Fig. 63, a. d. v. S.), schiebe den Holzstab (S) durch einen an einem Ständer befestigten Drahtring (R, Fig. 63), der aus etwa 10 Windungen umsponnenen Kupferdrahtes gebildet ist, und hänge den Holzstab mit dem Elektromagnet so an zwei von der Decke herabhängende Doppelfäden (f) auf, dafs der Stab in der Mitte des Drahtringes schwebt. Jetzt verbinde ich den Drahtring durch biegsame lange Drähte mit dem weitab auf dem anderen Ende des langen Experimentiertisches aufgestellten Multiplikator (M) und schliefse wieder den Strom. Vermittelst einer Kompafsnadel überzeugen wir uns davon, dafs der rechts von Ihnen befindliche Pol des Elektromagnets (n) ein nordsuchender Pol ist. Ich markiere ihn durch ein Stück roten Papieres, das ich auf die Polfläche klebe.

Beginnen wir nun mit dem Versuch. Eben steht der Drahtring nahe vor dem Südpol des Magnets (Fig. 63). Ich lege den Finger an den Holzstab und schiebe den Südpol zum Drahtringe heran — sofort sehen Sie die Nadel ausschlagen, aber in die Ruhelage zurückkehren, wenn ich mit dem Magnet stehen bleibe. Jetzt lasse ich den Stab los — er schwingt zurück, und die Magnetnadel des Multiplikators schlägt nach der entgegengesetzten Seite aus! Während nun der Magnet hin- und herpendelt (wobei sein Südpol dem Ringe sich bald nähert, bald von ihm entfernt) schwingt die Nadel in gleichem Tempo nach rechts und links, also wird der Multiplikator von Stromstöfsen mit wechselnder Richtung durchströmt.

Jetzt halte ich den Magnet an und nähere den Ständer mit dem Drahtringe dem Südpol — es erfolgt der gleiche Ausschlag, wie bei der Annäherung des Magnets (d. h. des Südpols). Schiebe ich den Drahtrahmen zurück, so erfolgt wieder ein Ausschlag, aber in entgegengesetzter Richtung.

Wenn Sie nun auf den Verlauf der Kraftlinien (Fig. 63), die mit fortlaufenden Ziffern (1, 2 ... 6) versehen sind, achten, so werden Sie leicht erkennen, dafs bei der Annäherung nacheinander die Kraftlinien 1, 2, 3, 4, 5, 6, dagegen bei der umgekehrten Bewegung dieselben Kraftlinien in umgekehrter Reihenfolge (6, 5, 4, 3, 2, 1) von dem Drahtringe geschnitten

wurden. Wir können mithin vorläufig sagen: Wenn die Kraftlinien von einem Leiterstück geschnitten werden (einerlei, ob
der Leiter oder der Magnet mit den Kraftlinien sich dabei bewegt), so entsteht in dem Leiter (wenn er geschlossen ist) ein
elektrischer Strom, dessen Richtung wechselt, wenn die Bewegung in entgegengesetztem Sinne erfolgt. Dieser lediglich
durch Bewegung eines Leiters im magnetischen Felde erzeugte
zeitweilige Strom wird nun der *magneto-elektrische Induktionsstrom* genannt.

Nun schalte ich ein zweites Element dem ersten parallel
ein (in A, Fig. 64 nicht angedeutet), schraube aber den
einen Draht nicht fest. Schiebe ich nun den Drahtring, bis er
in einer Ebene mit der Polfläche des Magnets sich befindet,
und lasse ihn stehen, so kehrt die Nadel wieder auf 0 zurück.
Wenn ich aber nun den zweiten Strom auch schliefse, so schlägt
die Nadel aus, kehrt aber sofort in die Nulllage zurück, um
aber nach der anderen Seite auszuschlagen, wenn ich den
zweiten Strom unterbreche. Was ist hier geschehen?

Jedenfalls ist die Intensität des magnetischen Feldes bei
Einschaltung des zweiten Elements vergröfsert worden; wir
können uns vorstellen, dafs zwischen den schon bestehenden
Kraftlinien neue Kraftlinien beim Stromschlufs hervorschossen,
welche den Leiter (R) schnitten, also einen Strom hervorrufen
mufsten. Beim Öffnen des zweiten Stromes (E_2) verschwanden
die neuen Kraftlinien, was im dynamischen Sinne einer Bewegung in umgekehrter Richtung entspricht, daher mufste ein
Stromstofs in entgegengesetzter Richtung erfolgen. Wir können
unsere Erfahrungen mithin in erweiterter Form etwa so wieder-
geben:

*Wenn ein Leiterstück die magnetischen Kraftlinien durchschneidet,
so wird im Leiter eine elektromotorische Kraft hervorgerufen, so lange
seine Bewegung dauert. Die Richtung des magneto-elektrischen Induktionsstromes hängt von der Reihenfolge ab, in welcher die Kraftlinien geschnitten werden.*

Hierbei können wir nun drei Fälle unterscheiden:

    I. Das magnetische Feld bewegt sich, während
        der Leiter feststeht;

    II. der Leiter bewegt sich im feststehenden mag-
        netischen Felde;

III. die Intensität des magnetischen Feldes ändert
sich, während Leiter und Magnet feststehen.

Alle drei Fälle können, wie wir sehen werden, zur Herstellung von magneto-elektrischen Induktions-Apparaten verwandt werden.

*   *   *

Wollen wir den Vorgang an unserem stabförmigen (Elektro-)
Magnet nochmals prüfen und zugleich auf die Richtung des
Induktionsstromes genauer achten. Der südsuchende Pol

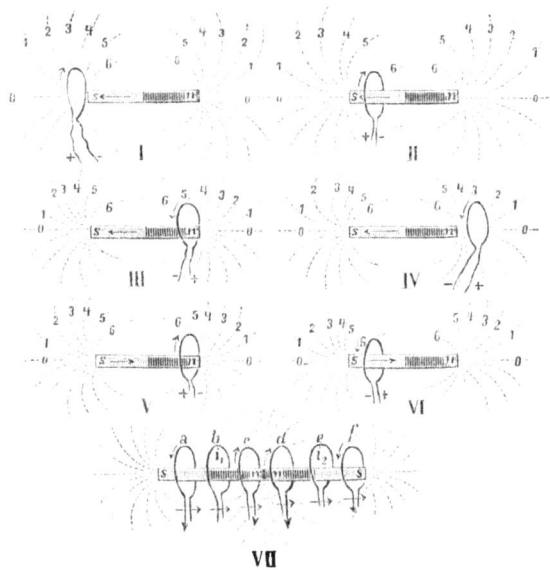

VII

Fig. 64.

Nachweis des Lenz'schen Gesetzes der magneto-elektrischen Induktion.
[Bei I ist die linke, durch den Pfeil markierte Hälfte des Drahtringes, nach vorne
gerichtet.]

ist links von Ihnen. (In der Fig. 64 ist der Einfachheit und
besseren Übersicht wegen der Elektromagnet ohne Umwickelung und Leitungsdrähte gezeichnet, ebenso beim Drahtringe
nur eine Windung angegeben.)

Schiebe ich nun den Südpol des Magnets dem Drahtringe näher
(I, Fig. 64, s. d. u. stehende Klammer) oder durch ihn hindurch
(II), so zeigt der Ausschlag der Magnetnadel (nach rechts), daß der

Strom aus der Klemmschraube K_2 (vergl. Fig. 62) in den Drahtring fließt, also in diesem die Richtung hat, die der Pfeil angiebt.

Während die Mitte des Magnets den Drahtring passiert, kehrt die Nadel auf Null zurück und schlägt bei weiterem Verschieben des Magnets (III und IV) nach der anderen Seite aus, während der Ring die Kraftlinien in umgekehrter Reihenfolge schneidet.

Lasse ich jetzt den Magnet zurückgehen (also von links nach rechts, V und VI), so wechselt der Induktionsstrom die Richtung.

Vergleichen Sie (Fig. 64, I—VI) die durch einen kurzen Pfeil angegebene Richtung des Induktionsstromes im Drahtringe mit der Ihnen (S. 55) bekannten Richtung der hypothetischen Ampère'schen Molekularströme (die hier, wo ein Elektromagnet vorliegt, dem inducierenden galvanischen Strome in dem herumgewickelten Draht gleichgerichtet sind), so bemerken Sie leicht:

Nähert der ringförmige Leiter sich einer Polfläche (I), oder werden die Kraftlinien in der Reihenfolge von außen nach innen[20] vom Leiter geschnitten (I, II, V), so ist der Induktionsstrom der Richtung der magnetischen Molekularströme (resp. dem inducierenden galvanischen Strom) entgegengesetzt; entfernt sich dagegen der Leiter von der Polfläche, oder schneidet der Leiter die Kraftlinien von innen nach außen, so ist der Induktionsstrom den Molekularströmen (oder dem inducierenden galvanischen Strom) gleichgerichtet.

Verwendete ich statt des Elektromagnets einen stählernen Stabmagnet, so wäre die Wirkung bedeutend schwächer — die Richtung der Induktionsströme aber dieselbe. — Ersetze ich den einzelnen (Elektro-) Magnet durch zwei Stahlmagnete (VII, Fig. 64), die mit den gleichnamigen Polen (z. B. den

---

[20] Hier, bei einem stabförmigen (Elektro-) Magnet, krümmen sich die Kraftlinien von dem einen Pol zum anderen, und der Magnet wird von den Kraftlinien gewissermaßen eingehüllt. Denken wir uns einen Schnitt durch die Mitte des Magnets (senkrecht zur Achse) geführt, so sind die weiter von der Achse abstehenden Kraftlinien die „äußeren" (beim Blick auf die Polfläche erscheinen sie natürlich als die in der Mitte auftretenden).

Nordpolen) aneinanderstofsen, so liegen die Indifferenzpunkte
bei i_1 und i_2. Schiebe ich die Drahtrolle entlang diesem Doppel-
magnet hin und her, so sehen Sie, dafs der Induktionsstrom = 0 wird und die Richtung wechselt, wenn ein
Indifferenzpunkt passiert wird. Diese Erfahrung wird uns
später von Nutzen sein.

Ich stelle wieder den Elektromagnet ein. Ziehe ich nun vor-
sichtig den Eisenstab aus der Drahtlocke und schiebe ein dünnwandiges Glasrohr hinein (damit die Windungen sich nicht
senken), so haben wir ein Solenoid, in welchem der inducierende
galvanische Strom in derselben Richtung fliefst, wie vorhin.
Der nordsuchende Pol bleibt also links von Ihnen (Fig. 65).
Wiederhole ich nun die Versuche, so ist der Ausschlag viel
schwächer, als mit dem Eisenkern, und ich mufs drei Chromsäure-
Elemente vorspannen, um eine recht deutliche Wirkung zu erzielen, dann aber sehen wir, dafs die Richtung des Induktionsstromes die entsprechend gleiche ist, wie vorhin. — Wir
können also unsere Erfahrungen auch kürzer formulieren, wenn
wir uns dessen erinnern, dafs gleichgerichtete elektrische Ströme
sich anziehen, entgegengesetzt gerichtete Ströme sich abstofsen.

Lenz'sche
Regel der
Induktions-
ströme. Bei jeder Bewegung eines Stromes oder eines
Magnets in der Nähe eines Drahtringes (oder umgekehrt) entsteht in diesem ein Induktionsstrom. Die
Richtung des Induktionsstromes ist immer eine solche,
dafs der Induktionsstrom dem inducierenden Strom
oder dem Magnet die entgegengesetzte Bewegung er-
teilen würde. (Lenz'sche Regel.) Wird z. B. ein Nordpol
dem Drahtringe genähert, so ist der Induktionsstrom den Molekularströmen entgegengesetzt und sucht also den Magnet zurück-
zustofsen. Wird der Nordpol entfernt, so ist der Induktionsstrom den Molekularströmen gleichgerichtet und sucht den Magnetpol heranzuziehen. Aus der Lenz'schen Regel ergiebt sich:
Bei der Bewegung (des Leiters im magnetischen Felde) mufs ein
Widerstand überwunden werden. Die hierbei geleistete
Arbeit ist die Ursache der elektrischen Energie.

*   *   *

Wir haben bisher den einfachen Fall betrachtet, wo der
Magnet stabförmig ist, also die Kraftlinien sich räum-

lich nach allen Seiten symmetrisch verteilen oder,
mit anderen Worten, die Kraftlinien den Magnet regel-
mäfsig umspinnen. Ferner benutzten wir als Leiterstück,
in welchem die Induktionswirkung stattfindet, einen Drahtring;
und die Bewegung erfolgte parallel der Achse des Magnets,
deren Verlängerung stets (nahezu) durch die Ringmitte ging.

Hier sehen Sie einen starken, aus mehreren flachen Stahlplatten (Lamellen) gebildeten Stabmagnet (A, Fig. 65) auf einem

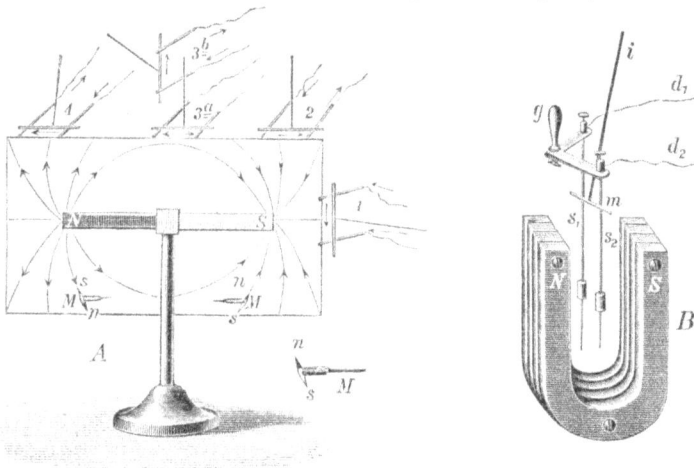

Fig. 65.
A Demonstration der Induktionsströme nach Pfaundler.
B Demonstration der Induktionsströme nach Szymański. $^1/_{10}$ natürl. Gröfse.
[Das Leiterstück (bei A) wird nach dem freien Ende der Gleitdrähte (also nach vorn)
bewegt.]

Ständer befestigt und mit einem weissen Karton versehen, auf
welchen einige Kraftlinien gezeichnet sind.

Ein zweiter Magnet (B, Fig. 65) besteht ebenfalls aus Lamellen, hat aber Hufeisenform.

Als Stromleiterstück, auf welches die Induktion wirkt,
dient ein Stück Messingdraht (m bei B, Fig. 65), welches an
einem langen isolierenden Griff (i) befestigt ist und längs den
messingnen Gleitschienen ($s_1 s_2$) bewegt wird, welche an einem
einfachen Holzgestell (g) so eingesetzt sind, dafs ihre gegenseitige Entfernung verändert werden kann. Von ihnen führen
Drähte zum Galvanometer (Anh. 11).

Halte ich nun die Gleitschienen (wie Fig. 65, A u. B zeigt)

im magnetischen Felde und führe das Leiterstück (m) mit
passender Geschwindigkeit so den Schienen entlang, dafs ein
guter Kontakt stattfindet, so sehen wir am Galvanometer einen
Ausschlag, der umso gröfser ist, je mehr Kraftlinien geschnitten
werden und ganz ausbleibt, wenn das bewegliche Leiterstück den Kraftlinien entlang geführt wird, also sie nicht
durchschneidet oder wenn die beiden Hälften des Leiterstückes
die Kraftlinien in umgekehrter Reihenfolge schneiden, wodurch Ströme von entgegengesetzter Richtung in jeder
Leiterhälfte entstehen, deren Wirkung auf das Galvanometer
sich aufhebt (3a bei A, Fig. 65).

Bringe ich eine kleine Magnetnadel (M bei A, Fig. 66) in
das magnetische Feld, so stellt sie sich in der Richtung der Kraftlinien ein. Nennen wir nun die Richtung, nach welcher der
nordsuchende Pol der Nadel weist, während sie der Kraftlinie entlang geführt wird, die Richtung der Kraftlinie,
so können wir sagen: Mit Ausnahme einer einzigen Kraftlinie,
welche z. B. beim Stabmagnet in der Richtung der magnetischen
Achse Austritt, bilden alle magnetischen Kraftlinien
geschlossene Kurven, die im Luftraum vom Nordpol
zum Südpol reichen und — wie wir uns denken können —
innerhalb des Magnets vom Südpol zum Nordpol zurückkehren. Wird ein Magnet bewegt, so verschiebt sich das
ganze Kraftliniensystem, d. h. *das ganze magnetische Feld macht
die Fortbewegung des Magnets mit!* In diesem Falle mufs also
auch in einem festen Leiter, welcher sich im magnetischen
Felde befindet und die Kraftlinien durchschneidet, ein Induktionsstrom entstehen. Für die geradlinige Bewegung des
Magnets haben wir dieses bereits gesehen (S. 129).

Faraday'sche Regel. Für die Richtung des Induktionsstroms im inducirten Leiter
hat man folgende Gedächtnifsregel aufgestellt: Man denke
sich selbst schwimmend in der Richtung der Kraftlinie (s. o.), mit dem Gesicht nach der Bewegung des
Leiters gewandt, dann ist der Induktionsstrom nach
rechts gerichtet (Faraday). In Analogie zu der modi-
ficierten Ampère'schen Schwimmregel für die Ablenkung der
Magnetnadel (s. o. S. 55), ist auch für den Induktionsstrom eine
andere Fassung der Regel (von A. Fleming) gegeben worden:
Man halte den Zeigefinger, Mittelfinger und Daumen der

rechten Hand nahezu senkrecht zu einander und bringe den
Zeigefinger in die Richtung der Kraftlinie (sodafs die
Fingerspitze dahin weist, wohin der Nordpol einer Magnetnadel
zeigen würde), den Daumen in die Richtung der beab-
sichtigten Bewegung des Leiters, dann zeigt der Mittelfinger die Richtung des Induktionsstromes im Leiter an.

Bedecken wir den Hufeisenmagnet (in aufrechter und in
liegender Stellung) mit einem weifsen Karton und erzeugen die
magnetischen Kraftlinien, so sehen Sie, dafs diese zwischen
beiden Polen am dichtesten, an der Aufsenseite der Schenkel
des Magnets am spärlichsten sich entwickeln.

Machen wir nun die Versuche mit dem beweglichen Leiter
(Fig. 65 B) an verschiedenen Stellen des magnetischen Feldes,
so finden wir, dafs der Induktionsstrom um so stärker
wird, je dichter die Kraftlinien zwischen den Gleitschienen
liegen, d. h. je mehr Kraftlinien vom Leiter geschnitten
werden. Bei unserem Versuch (Fig. 64) sahen wir schon,
dafs eine Vergröfserung der Polstärke des Elektromagnets, also
eine Verstärkung der Intensität des magnetischen Feldes, ebenfalls die Induktion verstärkt.

Fassen wir nun unsere Erfahrungen zusammen: Rückblick.

1. Ein Induktionsstrom entsteht immer, wenn ein
   Leiter oder ein Teil desselben die magnetischen
   Kraftlinien *durchschneidet*, einerlei ob der Leiter sich im
   festen magnetischen Felde bewegt oder feststeht, während
   das magnetische Feld sich bewegt, oder ob die Intensität
   des magnetischen Feldes (durch Veränderung der Polstärke z. B. des Elektromagnets) geändert wird.
2. Die unter sonst gleichen Umständen im Leiter
   erzeugte elektromotorische Kraft des Induktionsstromes ist proportional:
   a) der Intensität des magnetischen Feldes (also
      der Polstärke),
   b) der Länge des Leiters, auf den die Induktion
      wirkt (da mehr Kraftlinien geschnitten werden),
   c) der Geschwindigkeit der Bewegung des Leiters
      (oder des magnetischen Feldes), weil dann in dersel-
      ben Zeit ebenfalls mehr Kraftlinien geschnitten werden.

*   *   *

Nachdem wir nun die Grundzüge der magneto-elektrischen Induktion kennen gelernt haben, können wir daran gehen, uns mit den praktischen Anwendungen bekannt zu machen.

I. Eine Magnetnadel, die an einem feinen Faden hängt, schwingt lange hin und her, nachdem ich ihr einen kleinen Stofs gegeben. Nun halte ich sie aber dicht über einer dicken Kupferplatte, die vor Ihnen auf dem Tisch liegt (A, Fig. 66) und Sie sehen, wie die Nadel nach wenigen Schwingungen zur Ruhe kommt. Durch die Bewegung der Nadel, also des magnetischen Feldes, werden in der Kupferscheibe Induktionsströme hervorgerufen, welche (nach der Lenz'schen Regel S. 132) dem Magnet eine entgegengesetzte Bewegung zu geben suchen, also seine Schwingungen dämpfen. Jetzt werden Sie die Bedeutung der Kupferhülsen beim Multiplikator (Fig. 62) verstehen. Da dort sowohl der obere, als auch der untere Teil der astatischen Nadel von der Kupferhülse fast ganz umgeben ist, so ist die dämpfende Wirkung der Induktion so grofs, dafs die Nadel (fast) ohne zu schwingen sich einstellt (die Bewegung also nahezu aperiodisch wird).

Dämpfung der Galvanometernadel durch Induktionsströme.

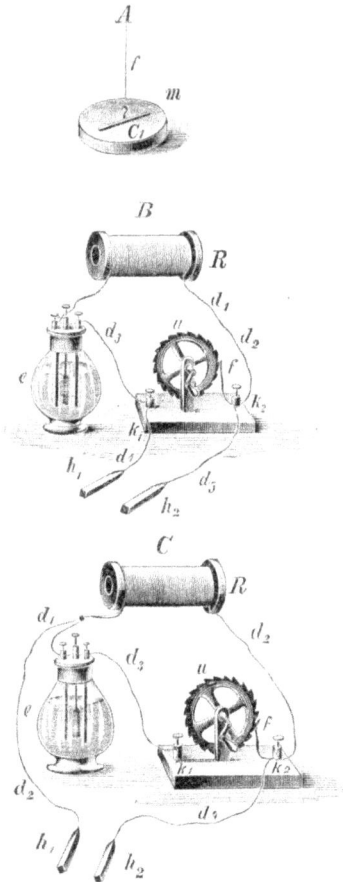

Fig. 66.
A Induktion in einer Kupferscheibe.
¹/₁₀ natürl. Gröfse.
B C Selbstinduktion in einer Drahtspirale (Extrastrom). ¹/₁₀ natürl. Gröfse.

II. Da schon eine einzelne Drahtwindung, durch welche ein elektrischer Strom fliefst, eine magnetische Richtkraft hat (S. 46), also ein magnetisches Feld aufweist, so mufs bei einer

Drahtspule (Solenoid) jede Windung in dem magnetischen Felde der benachbarten Windungen sich befinden, mithin wird jede Windung einer Drahtspule auf die andere inducierend wirken, während die Stromstärke sich ändert, z. B. beim Schliefsen und beim Öffnen des durchgehenden Stromes. — Eine Drahtrolle (B, Fig. 66), die über einen hohlen Holzcylinder gewickelt ist und aus etwa 30 Windungen starken umsponnenen Kupferdrahtes besteht, ist mit einem Tauchelement (e) und einem Stromunterbrecher (u) verbunden. Dieser besteht aus einem kupfernen Zahnrade, dessen Zähne an einer Feder (f) schleifen. Durch eine an der Achse befindliche Kurbel kann das Zahnrad gedreht werden. Aufserdem führen Drähte (d_4 d_5) zu zwei Handhaben aus Messingrohr, die ich in die Hand zu nehmen bitte. Sobald ich nun das Zahnrad drehe, erzittern Ihre Hände und zwar fühlen Sie um so empfindlichere Zuckungen, je schneller ich drehe, d. h. je rascher die Stromstöfse auf einander folgen. Noch heftiger, ja schmerzhaft wird die Empfindung, wenn ich in den Hohlraum der Drahtspule (R) ein Bündel weicher Eisendrähte einschiebe. — Jetzt werde ich das Zahnrad ganz langsam drehen — —. Nun wird der Strom geschlossen! Sie spüren kaum etwas, und während der Strom des Elements durch Ihren Körper fliefst, gar nichts; aber jetzt gleitet der Zahn von der Feder ab und der Strom wird geöffnet — Sie zucken zusammen! Da beim Stromschlufs gewissermafsen ein Strom von Kraftlinien das magnetische Feld der Spule durchdringt und die Drahtwindungen schneidet [was gleichbedeutend mit einer Annäherung des Leiters an den Magnet ist (s. o. S. 129)], so mufs nach dem Lenz'schen Gesetz ein Induktionsstrom entstehen, der dem galvanischen Strom entgegengesetzt gerichtet ist. Bei der Untersuchung des Stromes zucken — bildlich gesprochen — die Kraftlinien zurück (was einem Entfernen des Leiters entspricht); daher mufs der Induktionsstrom (beim Öffnen) mit dem Hauptstrome die gleiche Richtung haben und seine physiologische Wirkung verstärken.

Wir können auch den Induktionsstrom für sich beobachten, wenn wir die Drähte so führen, dafs beim Unterbrechen des Hauptstromes das Element ausgeschaltet ist. Eine solche Versuchsanordnung zeigt Ihnen C Fig. 66. Wenn Sie jetzt die

Extrastrom.

Handhaben fassen, so geht beim Öffnen nur der Induktionsstrom durch Ihren Körper. Die Wirkung ist kaum schwächer
als vorhin. — Dieser Strom, welcher nur durch Selbstinduktion der Windungen eines Leiters auf einander entsteht, wurde von Faraday der „Extrastrom" genannt[21]).

Beim Schliefsen des Hauptstromes ist ihm der
Extrastrom entgegengerichtet, beide schwächen sich gegenseitig, mithin kann der Hauptstrom immer nur allmählich
zu seiner vollen Stärke anschwellen. Bei Unterbrechung des Hauptstromes tritt der Extrastrom in
voller Stärke auf.

III. Noch kräftiger als der Extrastrom ist der Induktionsstrom in einer zweiten Drahtspule, welche die primäre
umgiebt (A, Fig. 67, II), ohne mit ihr in Berührung zu kommen.
Diese „sekundäre Spirale" besteht aus vielen Windungen
feinen umsponnenen Kupferdrahtes. Da dieselben Kraftlinien die einzelnen Windungen der sekundären Spirale durchsetzen, so kann im ganzen, d. h. in allen Windungen zusammen nur ein Induktionsstrom von bestimmter Stromstärke
auftreten. In jeder Windung wird aber eine gewisse elektromotorische Kraft erzeugt. Da nun die Windungen hintereinander geschalteten einzelnen Drahtringen entsprechen, so wird
der Induktionsstrom gewissermafsen in viele kleine Strom-
fäden zerlegt, die hintereinander geschaltet sind (wobei
natürlich der Widerstand wächst). Bei einer sekundären
Spirale von vielen Windungen findet also eine Umwandlung
(Transformation) des galvanischen Stromes von verhältnismäfsig grofser Stromstärke und kleiner elektromotorischer

---

[21]) Jede Drahtlocke, durch welche ein galvanischer Strom geschickt
wird, zeigt magnetische Wirkungen und Selbstinduktion, wodurch störende
Nebenwirkungen z. B. auf Galvanometer, oder in Bezug auf den Widerstand des betr. Drahtes entstehen können. Um diese Induktionswirkung
(fast ganz) aufzuheben, werden bei Galvanometern die hin- und zurück-
laufenden umsponnenen Drähte umeinander gewickelt (vergl. Fig. 37 S. 64)
oder bei den Widerstandsdrähten (S. 91 Fufsnote) die Drähte in der
Mitte geknickt und mit der Mitte beginnend doppelt auf eine Spule gewickelt, wodurch der Strom in zwei dicht nebeneinander liegenden Leiter-
stücken eine entgegengesetzte Richtung hat, die Selbstinduktion also (fast
ganz) aufgehoben wird.

Kraft in einen Induktionsstrom von geringer Stromstärke, aber sehr grofser elektromotorischer Kraft
statt, welcher bei grofseren Induktions-Apparaten (B,
Fig. 67) den Charakter des Funkenstromes einer Influenzmaschine annimmt, nur ergiebiger ist.

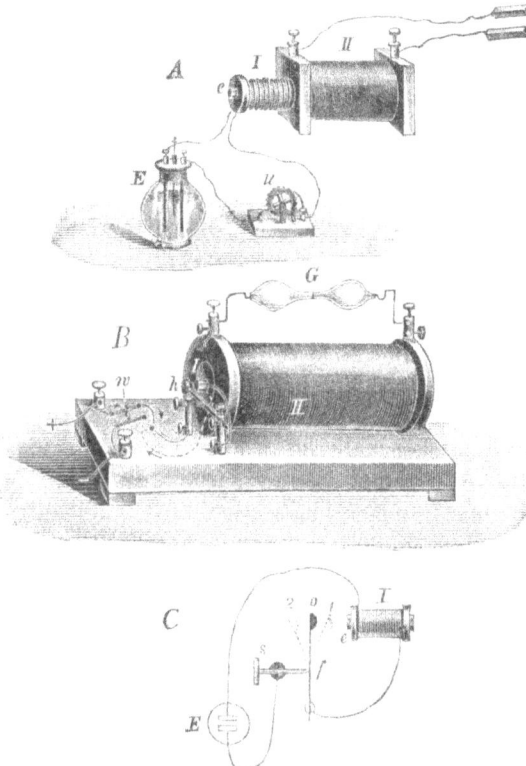

Fig. 67.
A Induktionsrolle. ¹/₁₀ natürl. Gröfse.
B Rühmkorff'scher Funkeninduktor. ¹/₁₀ natürl. Gröfse.
C Wagner'scher Hammer.

Die Induktionsrolle (II bei A, Fig. 67) giebt schmerz-
hafte Schläge, wenn man die Handhaben gefafst hält, während
der Hauptstrom in der primären Spule (I) rasch geschlossen
und geöffnet wird, besonders wenn sich im Hohlraume der
letzteren ein Bündel weicher Eisendrähte befindet, wodurch
die Intensität des magnetischen Feldes sehr verstärkt wird.

Noch kräftiger ist die Wirkung beim Rühmkorff'schen
Funkeninduktor (B, Fig. 67), dessen primäre Spirale aus
etwa 60 Windungen starken Kupferdrahtes besteht, während
der Draht der sekundären Spirale haarfein ist und eine Länge
von etwa 10 Kilometern hat, also Tausende von Windungen
bildet. Natürlich ist dieser Draht mit Seide umsponnen und
noch gefirnist, weil sonst, bei der hohen elektrischen Poldifferenz, die Funken die isolierenden Schichten durchbrechen
könnten. Am Apparat ist bei der primären Spirale ein Stromwender (w) und ein automatischer Stromunterbrecher, der
Wagner'sche elektromagnetische Hammer (C, Fig. 67) angebracht. Der Strom vom Elemente (E) geht zum Stromwender,
durchfliefst die primäre Spirale (I), geht dann zu einer Messing-
feder (f), die an einer Schraube (s) anliegt (die Berührungs-
stellen sind mit Platinplatten versehen). Diese Feder trägt am
freien Ende eine kleine Eisenplatte, welche durch die Schraube
in regulierbarer Entfernung von dem Eisenbündel der primären
Spirale schwebt. Wird nun der Strom geschlossen, so wird das
Eisen magnetisch, zieht die Eisenplatte an; dadurch verläfst die
Feder die Kontaktschraube (s), wodurch der Strom unterbrochen
wird und der Hammer wieder zurückfällt. Dafs hierbei die
Bewegung des Hammers sich dauernd erhält, hat folgende
Ursachen. In der Ruhelage (o bei C, Fig. 68), wo der Hammer
die Schraube berührt, wird der Strom geschlossen, wächst
nach Überwindung des Extrastromes zur vollen Stärke an
und reifst den Hammer von der Schraube ab. Die Feder
nimmt die Stellung 1 an. Während dieser Annäherung wirkt
noch der jetzt (nach der Unterbrechung) gleichgerichtete
Extrastrom eine zeitlang nach, spannt also die Feder
mehr an. Nach dem Zurückkehren in die Ruhelage (o), wo
der Strom wieder geschlossen ist, wirkt der Extrastrom wieder
dem primären entgegen, wodurch die Schwingung der Feder
(in die Lage 2) weniger verlangsamt wird, als wenn der primäre
Strom gleich in voller Stärke auftreten würde. Die Feder
erhält dadurch einen kleinen Zuwachs an Kraft, der die
Schwingungen erhält, ebenso wie der Anstofs des Zahnrades
bei der Uhr den Reibungsverlust des Pendels ersetzt. [Solche
elektromagnetische Stromunterbrecher werden u. a. bei den
elektrischen Läutewerken (Klingeln) verwandt.]

Da der Extrastrom (der primären Spirale) beim Stromschlufs den Hauptstrom schwächt und beim Unterbrechen des
Stromes gewissermafsen nachklingt, so schwächt oder verzögert
er den Induktionsstrom in der sekundären Spirale. Um nun
den Extrastrom möglichst zu beseitigen, ist bei den gröfseren
Induktionsapparaten in dem hohlen Fufsgestell ein Kondensator angebracht, der aus Stanniolstreifen besteht, die durch
Wachstaft oder besser durch Glimmerscheiben isoliert sind.
Die paarigen und die unpaarigen Stanniolblätter sind unter sich
und mit den Enden der primären Spirale verbunden. Beim
Unterbrechen des Stromes ist also die primäre Spirale durch
den Kondensator geschlossen, der den gröfsten Teil des Extrastromes aufnimmt, was u. a. daraus hervorgeht, dafs bei Anwendung eines Kondensators der Öffnungsfunke zwischen
Kontaktschraube und Feder viel kleiner wird und die Feder
bisweilen erst angestofsen werden mufs, um in Vibration zu
geraten.

Vermittelst dieses Wagner'schen Hammers können die
Stromunterbrechungen so oft in der Sekunde erfolgen, dafs
das summende Geräusch des Hammers eine bestimmbare Tonhöhe annimmt. Die Schläge, welche dieser Induktionsapparat
auszuteilen vermag, sind, wenn auch nicht lebensgefährlich,
doch recht unangenehm, selbst schmerzhaft. Schraube ich an
die Klemmen der sekundären Spirale Drähte, die mit Siegellackgriffen versehen sind, und nähere die Enden, so sehen Sie,
wenn der Apparat in Thätigkeit gesetzt ist, Funken von
mehreren Centimetern Länge (bei grofsen Rühmkorff'schen Induktionsapparaten hat man Funken von 40—50 cm Länge erhalten). Nun verbinde ich die Drähte mit einem Glasrohr, welches
an den Enden mit eingeschmolzenen Platindrähten versehen und
mit sehr stark verdünntem Gase gefüllt ist (Geifsler'sche
Röhre, G Fig. 68, B). Verdunkeln wir das Zimmer, so
leuchtet die Röhre in einem milden Glanze und zeigt verschiedene Farben, die von der Natur des verdünnten Gases
abhängen. Einige Teile der Röhre bestehen aus dem gelb-
lichen Uranglas, welches in lebhaftem Grün erstrahlt. Noch
prachtvoller erscheint eine Puluj'sche Röhre, wo die Verdünnung
der Luft noch weiter getrieben ist, und eingeschmolzene
Edelsteine in lebhaften Farben erglühen. Die Rubine (auch

unscheinbare Exemplare) strahlen ein herrliches rotes Licht aus,
Diamanten meist grünes, Schwefelcalcium blauweisses u. s. w.

Transformator. Wir hatten bei den Induktions-Apparaten den Hauptstrom
durch die Spirale geschickt, welche wenige Windungen starken Kupferdrahtes hatte, sodafs wir in der sekundären
Rolle hochgradige Induktionsströme von geringer
Stromstärke erhielten. *Vertauschen wir beide Spiralen*, d. h.
schicken wir den primären Strom durch die Rolle mit den
vielen Windungen, so entsteht in der Rolle mit wenig
Windungen ebenfalls ein Induktionsstrom, dessen
elektromotorische Kraft entsprechend kleiner, dessen
Stromstärke aber in demselben Verhältnis gröfser ist
als die des primären Stroms. Wir sind also imstande,
hochgradige Ströme in Ströme von geringerer elektromotorischer Kraft, aber gröfserer Stromstärke umzuwandeln (zu trans-
formieren). Apparate dieser Art heissen Transformatoren.
Dafs bei einem solchen Transformator die Isolierung der Windungen besonders gut sein mufs, ist ohne weiteres klar. In
der Technik haben diese Apparate eine grofse Bedeutung er-
langt.

*   *   *

Bei den Induktionsapparaten (und Transformatoren) entsteht der Induktionsstrom bei ruhendem Leiter (und ruhendem
Elektromagnet) durch Intensitätsänderung des magnetischen Feldes, indem die Kraftlinien auftreten und verschwinden. Nun können wir aber auch durch Bewegung
des magnetischen Feldes oder durch Bewegung des
Leiters im ruhenden magnetischen Felde Induktionsströme erhalten (s. o. S. 129).

IV. Kaum ein Jahr nach Faraday's Entdeckung der
magneto-elektrischen Induktion stellte Pixii (1832) die erste
„magneto-elektrische Maschine" her, bei welcher ein
Hufeisen-Magnet vor den Schenkeln eines hufeisenförmigen
Ankers rotierte, dessen Schenkel mit Drahtwindungen bewickelt waren. Bei allen späteren Apparaten liefs man den
Eisenkern mit den Drahtspulen vor dem festen Hufeisen-Magnet
rotieren, was — besonders bei gröfseren Magneten — weit
bequemer ist.

Hier sehen Sie (Fig. 68, A) eine magneto-elektrische Maschine, wie sie von Stöhrer gebaut wurde.

Vor den Polflächen eines starken Hufeisen-Magnets, der aus 5 Stahllamellen besteht, rotiert ein hufeisenförmiger Anker aus Schmiedeeisen, dessen Schenkel mit Drahtrollen (R_1, R_2) versehen sind. Nähern sich die beiden Rollen den Polen des Magnets, so wird ein Induktionsstrom in jeder Rolle

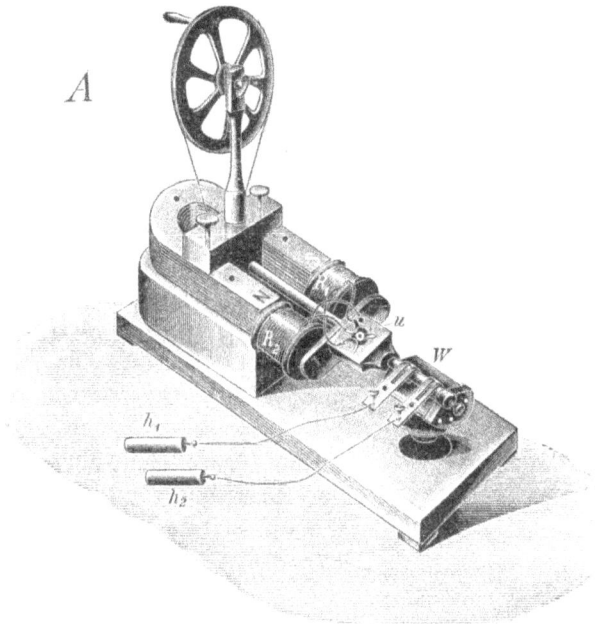

Fig. 68 A.
Magneto-elektrische Maschine nach Stöhrer. $^1/_{10}$ natürl. Gröfse.

erzeugt, der natürlich die Richtung wechselt, wenn die Rollen die Indifferenzzone (d. h. die Ebene senkrecht zur Mitte der Verbindungslinie der Pole) passiert. Bei jeder Rotation des Ankers wechselt der Strom in beiden Rollen die Richtung zweimal. *Die magneto-elektrische Maschine liefert also einen Wechselstrom*, dessen Stärke mit der Rotationsgeschwindigkeit wächst (da in derselben Zeit mehr Kraftlinien geschnitten werden). Durch einen besonderen Umschalter (u) können die Induktionsströme beider Rollen entweder parallel oder hintereinander geschaltet werden. Nach dem Ohm'schen Gesetz ist im ersten Fall die elektromotorische Kraft dieselbe, der Widerstand halb so grofs als bei einer einzigen Rolle, also die Stromstärke verdoppelt. Dagegen bei der Schaltung hintereinander ist die elektromotorische Kraft verdoppelt, ebenso der Widerstand (also viermal gröfser als bei paralleler Schaltung). Die Wahl der Schaltung hängt von dem Widerstande in der Leitung ab: Bei allen Induktionsapparaten sollte der Widerstand in den Induktionsrollen möglichst gleich dem Widerstande in der Leitung sein.

Will man in der Leitung statt der Wechselströme gleichgerichtet bleibende Ströme haben, so kann ein automatischer Stromwender (W, nebenan) eingeschaltet werden, der mit der Rotationsachse verbunden ist, und ähnlich unserem schon bekannten Stromwender (S.42) bei jeder Umdrehung (während die Verbindungslinie der Rollen senkrecht zur Verbindungslinie der Magnetpole steht, also gerade keine Induktion stattfindet) zweimal die Stromrichtung in der Leitung wechselt, die also von an- und abschwellenden Strömen von beständiger Richtung durchflossen wird, während die Maschine selbst nach wie vor Wechselströme liefert.

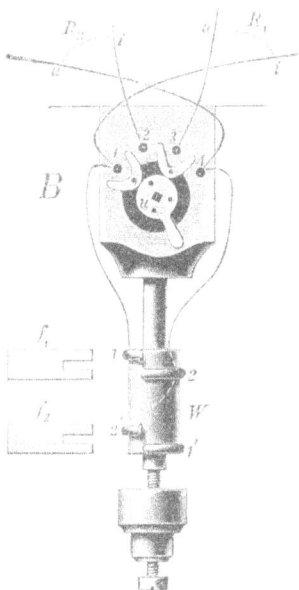

Fig. 68 B.
Stromwender der Magneto-elektrische Maschine nach Stöhrer.
$^1/_5$ natürl. Gröfse.

Wir wollen uns nicht weiter bei der magneto-elektrischen Maschine aufhalten, da sie von ihrer jüngeren Schwester, der dynamo-elektrischen Maschine (oft kurz Dynamomaschine genannt) längst überholt worden ist.

Die gewaltige Kraft der Elektromagnete legte den Gedanken nahe, sich ihrer statt der Stahlmagnete bei den elektromagnetischen Maschinen zu bedienen (Wilde in Manchester

1866). Den letzten entscheidenden Schritt, der zur Konstruktion der Dynamomaschine[22]) führte, that dann der bekannte gelehrte Elektriker Werner Siemens (1866), indem er zeigte, dafs der in einem Elektromagnet nachbleibende (remanente) oder der durch den Erdmagnetismus inducierte Magnetismus des Elektromagnets genügt, um in den Windungen des rotierenden Ankers einen Induktionsstrom hervorzurufen, der in geeigneter Weise durch die Windungen des Elektromagnets geleitet, dessen Magnetismus rasch steigert, wodurch der Induktionsstrom verstärkt wird, was wiederum dem Magnet zugute kommt, bis die Grenze seiner Magnetisierbarkeit erreicht ist, sodafs — ohne Zuführung eines Stromes von aufsen — der Elektromagnet nach einer gewissen Anzahl von Rotationen des Ankers genügend stark wird, um einen kräftigen Zweigstrom durch die Leitung (Nutzleitung) zu schicken (Siemens' dynamo-elektrisches Princip).

Siemens' Dynamo-elektrisches Princip.

Von gröfster Wichtigkeit ist es, bei diesen Maschinen sowohl dem Elektromagnet als auch dem Anker, welcher die Induktionsrollen trägt, eine solche Form zu geben, dafs bei jeder Rotation möglichst viele Kraftlinien senkrecht durchschnitten werden. Sie sehen also, wie wichtig die Kenntnis des Verlaufs der magnetischen Kraftlinien zur Herstellung guter Dynamomaschinen ist.

Es wird also die Aufgabe der Technik sein, die Kraftlinien soviel als möglich in dem ausgenutzten Teile des magnetischen Feldes zu konzentrieren und andererseits von dem rotierenden Leiter möglichst vollständig (in senkrechter Richtung) schneiden zu lassen. Ersteres wird durch die sogenannten Polschuhe erreicht. Das sind passend geformte Stücke aus weichem Eisen, welche auf die Pole des Elektromagnets gesetzt werden (oder mit ihm aus einem Stück bestehen). Diese haben die Eigenschaft, an den einander zuge-

---

[22]) Hier soll das Wort „dynamo" (dynamis = Kraft) eine Maschine bezeichnen, bei welcher lediglich durch die mechanische Kraft, welche zur Drehung der Induktionsrollen verwandt wird, ein Strom erzeugt wird. Das ist aber in gleicher Weise bei den magneto-elektrischen Maschinen der Fall. Die Unterscheidung von magneto-elektrischen und Dynamo-Maschinen ist also konventionell und hat nur eine praktische Bedeutung.

kehrten Seiten ein nahezu gleichförmiges magnetisches
Feld mit dichter gelagerten Kraftlinien zu erzeugen
(A, Fig. 69).

Ein Stück weiches Eisen, das wir in ein magnetisches Feld
bringen (B Fig. 69) hat (wie Ihnen ein Vergleich von I und
II zeigt) wiederum die Eigenschaft, die Kraftlinien auf sich zu
konzentrieren, gewissermafsen aufzusaugen (daher die aufserordentliche Verstärkung der Wirkung einer Induktionsspule
durch Einführung eines Eisenkernes; s. o. S. 137 u. 139).

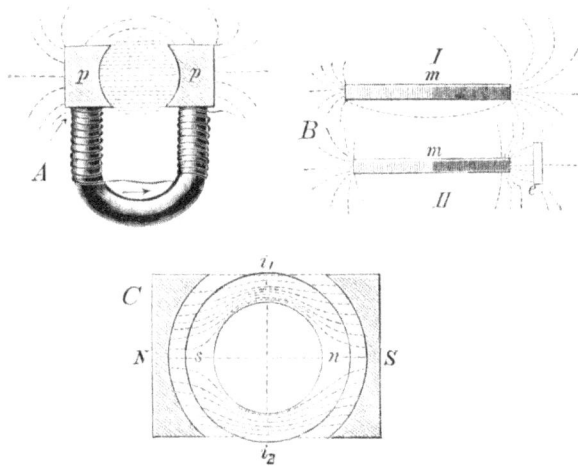

Fig. 69.

Verlauf der Kraftlinien (schematisch) A bei Polschuhen; B I bei einem freien Stabmagnet; B II bei Anwesenheit von weichem Eisen im magnetischen Felde; C Bei
einem Ringe (Cylinder) aus weichem Eisen zwischen den Polschuhen, nach Stefan.

Ringanker.   Von besonderem Interesse ist nun der Fall, wo ein Ring
aus weichem Eisen (oder ein Hohlcylinder, dessen senkrechter
Querschnitt also auch ein Ring ist) sich in dem magnetischen
Felde zwischen den Polschuhen befindet (C, Fig. 69). Wie die
Rechnungen (Stefan 1882) ergeben und die Versuche bestätigt
haben, treten die Kraftlinien in den Eisenring (oder Cylinder)
ein, aber — bei genügender Wandstärke — mit Ausnahme
der mittelsten, senkrecht auffallenden, nicht in den Innenraum,
sondern gehen durch die Eisenmasse des Ringes und treten an
der gegenüberliegenden Seite wieder aus. Wird ein solcher
Ring gedreht (um eine Achse, die in Fig. 69, C, durch die

Ringmitte geht und senkrecht zur Ringebene steht), so bleiben trotz der Rotation die inducierten magnetischen Pole des Ringes (n und s) räumlich in ihrer Lage, aber sie verschieben sich auf dem rotierenden Ringe.

Umwickeln wir nun den Eisenring lose mit einigen Windungen isolierten Kupferdrahtes, dessen Enden verlötet sind (A, Fig. 70), so können wir den Ring mit der Drahtrolle (um eine zur Papierfläche senkrechte Achse) drehen oder — was in Bezug auf die Induktionswirkung dasselbe ist — die Drahtrolle dem Ringe entlang verschieben. Denken Sie sich den Eisenring an den Polen zerschnitten, so würde das an der Wirkung nichts ändern, wir hätten dann aber, wie bei einem früheren Versuche (VII, Fig. 64), zwei (hier halbkreisförmige) Magnete, die mit den gleichnamigen Polen zusammen-stofsen und deren Indifferenz-punkte bei i_1 und i_2 liegen. Nun wissen wir, dafs in einem solchen Falle, wo eine Drahtrolle entlang einem Magnet mit mehreren Folge-punkten geführt wird (S. 132), der Induktionsstrom in dem Leiter = 0 wird und seine Richtung wechselt, sobald ein Indifferenz-punkt passiert wird.

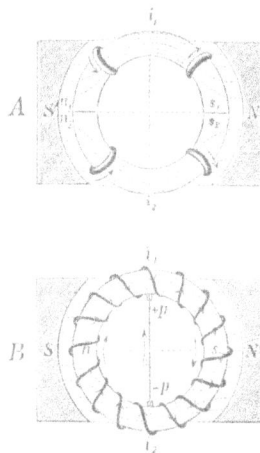

Fig. 70.
Schematische Skizze des
Pacinotti'schen Ringe.

Wenden wir das auf den gege-benen Fall an, so ergiebt sich ohne weiteres, dafs während die Drahtrolle von i_1 über s nach i_2 verschoben wird, ein an Intensität rasch anwachsender und (nach Passieren des Poles) wieder abnehmender Induktions-strom entsteht, der bei i_2 (wie bei i_1) = 0 ist und seine Richtung wechselt, an Intensität zu- und wieder bis 0 (bei i_1) abnimmt. Das Maximum der Stromstärke liegt bei den Polen, weil die hier dicht eintretenden magnetischen Kraftlinien von dem Leiter senkrecht geschnitten werden, während bei den Indifferenzpunkten der Leiter parallel den Kraftlinien ver-schoben wird.

Umwickeln wir jetzt den Eisenring mit isoliertem Kupferdraht, so dafs ein geschlossener Drahtleiter gebildet wird
(B, Fig. 70), und lassen wir jetzt den Eisenring mit seiner Umwickelung (in umgekehrter Richtung wie vorhin die Drahtrolle allein) rotieren, so werden in den Windungen Induktionsströme von der durch die kleinen Pfeilspitzen markierten
Richtung erregt.

Von dem Punkte i_1 findet in beiden Ringhälften ein Fort-
strömen der Elektricität bis zu dem gegenüberstehenden Punkte
i_2 statt. Verbinden wir diese Punkte i_1 und i_2, indem wir die
Enden eines Drahtes mit Pinseln aus Kupferdraht (+ p und
— p) versehen, welche an den hier blank gemachten Stellen
des Windungsdrahtes schleifen, so wird von i_2 nach i_1
(B, Fig. 70), also von + p nach — p, ein elektrischer Strom
von gleichbleibender Richtung erzeugt, solange der
Eisenring mit seiner Umwickelung rotiert. Führt man von
den Drahtwindungen Drähte zu Kupferstreifen, welche von
einander isoliert auf der Drehungsachse des Ringes angebracht
sind (A, Fig. 71), und läfst hier die Drahtbürsten an richtiger
Stelle schleifen, so werden in jedem Augenblick Teile der
Drahtwindung, welche gerade die Indifferenzzone (i_1 i_2,
Fig. 70, B) passieren, mit den Kontaktbürsten in Verbindung
sein. Stellt man nun zwischen beiden Kontaktbürsten (b_1 und
b_2, Fig. 71, A) eine Leitung her, so wird diese *kontinuierlich* von
gleichgerichteten Strömen durchflossen. Bei den wirklichen
Gramme'schen Maschinen (s. w. u.) ist statt jeder einzelnen
Windung des Ringankers eine Drahtspule zu denken. Die
Wirkungsweise ist aber dieselbe.

Wir haben hierbei die Wirkung der inducierenden Magnetpole, der sogenannten Feldmagnete, auf die Drahtwindungen
und die des erregten Ankerstromes (in den Windungen) selbst
nicht weiter in Betracht gezogen. In Wirklichkeit ist die dem
Feldmagnetpol gegenüberstehende äufsere Seite des Eisenringes stark ungleichnamig, die abgewandte innere Ringseite
aber schwach gleichnamig magnetisch, wodurch die Vorgänge
komplicierter werden. Die Gesamtwirkung entspricht aber
doch im wesentlichen unserer Darstellung. Da aber auch das
weichste Eisen nicht momentan seinen Magnetismus verliert,
so werden bei der Rotation die Pole des Eisenringes und

damit die Indifferenzpunkte in dem Sinne der
Rotation verschoben. Die Größe dieser Verschiebung
hängt von der Beschaffenheit des Eisens und von der Rotationsgeschwindigkeit ab, muß also in jedem Falle erst ermittelt
werden. Daher ist für jede solche Maschine die Stellung der
Kontaktbürsten auf den isolierten Metallstreifen der Achse,
welche die Induktionsströme sammeln und daher Kollektor
oder (hier fälschlich) Kommutator heißen, auszuprobieren.

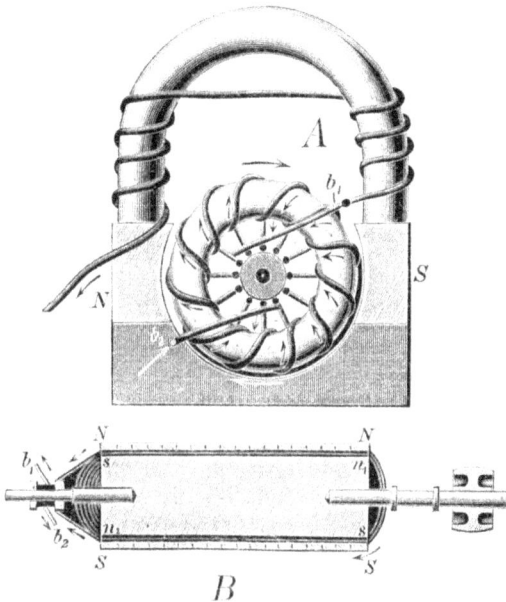

Fig. 71.

A Pacinotti-Gramme'scher Ring (Modell nach Weinhold). $1/_{12}$ natürl. Größe.
B v. Hefner-Altenock'scher Trommelinduktor im Querschnitt.

Die erste magneto-elektrische Maschine, welche konti- Geschichtliches.
nuierliche und gleichgerichtete Induktionsströme lieferte,
erfand Prof. Pacinotti in Pisa (1860), doch blieb dieser
Apparat unbeachtet und geriet in Vergessenheit, bis der Belgier
Gramme sie (1871) von neuem erfand und zugleich so ver-
besserte, daß sie leistungsfähig wurde und alle bis dahin kon-
struierten magneto-elektrischen Maschinen aus dem Felde
schlug. Auch wandte er beim rotierenden Ringe statt eines

massiven eisernen Kernes ein Bündel dünner, von einander isolierter Eisendrähte an, da ein solches rascher magnetisiert und entmagnetisiert wird als ein massives Stück Eisen. Zugleich werden störende Induktionsströme innerhalb des Kernes der Induktionsrolle vermieden. Erst später wurde die Priorität Pacinotti's anerkannt, weshalb der wesentlichste Teil dieser Maschine, der rotierende umwickelte Eisenring, allgemein der Gramme'sche Ring genannt wird. Diese Maschinen wurden bald mit Benutzung des Siemens'schen Dynamoprincips gebaut und gehören auch jetzt noch zu den leistungsfähigsten Dynamomaschinen.

Auf einem anderen Princip beruht der ebenfalls kontinuierliche gleichgerichtete Ströme liefernde Trommelinduktor (B, Fig. 71) von Hefner-Alteneck, einem Ingenieur der bekannten Firma Siemens & Halske in Berlin. Hier ist der Draht der Induktionsrolle um einen Cylinder aus weichem Eisen der Länge nach gewickelt und rotiert dicht vor den Polschuhen (N N, S S) der Feldmagnete, welche den gröfsten Teil des Cylindermantels umspannen. Da bei dieser Konstruktion die Kraftlinien den gröfsten Teil der Induktionsrolle senkrecht durchsetzen, so liefert der Trommelinduktor ebenfalls sehr starke Ströme. Auf die recht komplizierte Wirkungsweise dieses Apparates und die eigentümliche Verbindung der einzelnen Drahtwindungen unter sich und mit dem Kollektor können wir hier nicht eingehen. — In neuerer Zeit sind von verschiedenen Firmen, je nach dem vorliegenden Zwecke, sehr verschiedene Dynamomaschinen aufgekommen, doch lassen sie sich im wesentlichen auf die beiden Grundtypen: den Gramme'schen Ring oder die Hefner-Alteneck'sche Trommel zurückführen.

Noch müssen wir die praktische Verwertung des Dynamoprincips, d. h. die Art und Weise, wie der Induktionsstrom durch die Umwickelungen der Feldmagnete geleitet wird, etwas beleuchten, da der Nutzeffekt der Maschine wesentlich davon abhängt.

I. Die Normal- oder Serienschaltung (I, Fig. 72), welche zuerst von Siemens (1866) angewandt wurde, leitet den Induktionsstrom durch die Drahtwindungen des Feldmagnets und weiter durch die Nutzleitung (BL), welche

also hintereinander geschaltet sind. Die Induktionsströme
können hier überhaupt nur entstehen, wenn der Stromkreis
durch die Nutzleitung geschlossen ist. Diese Schaltungsweise, welche bei geringem Widerstande der Leitung (BL) sehr
starke Ströme liefert, hat den Übelstand, daſs bei Vergröſserung
des Widerstandes der Leitung die Stromstärke und damit
die Kraft der Feldmagnete abnimmt, was wiederum eine
weitere Schwächung des Induktionsstromes zur Folge hat.
Auſserdem tritt leicht ein Polwechsel ein, was bei gewissen
Arbeiten, wie Galvanoplastik, höchst störend ist.

　　II. Die Nebenschluſsschaltung (II, Fig. 72), welche
Wheatstone (1867) vorschlug, leitet von den Bürsten des
Kollektors (b_1 b_2) einen Zweigstrom als Nutzleitung ab.

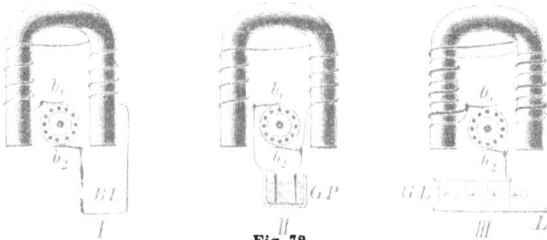

Fig. 72.

Verschiedene Schaltungsweise an der Dynamomaschine.
(I Normalschaltung; II Nebenschluſs-Schaltung; III Schaltung mit gemischter
Bewickelung.)

Wird dieser jetzt unterbrochen, so flieſst der Gesamtstrom um
die Feldmagnete. Auch bei Vermehrung des Leitungswiderstandes wird durch die Verstärkung des Feldmagnets (dessen
Rollen-Widerstand unverändert geblieben, also im Verhältnis zu dem der Nutzleitung kleiner geworden ist, mithin einen
gröſseren Stromteil erhält) die gesamte Stromstärke doch etwas
gröſser, als es nach dem Ohm'schen Gesetz bei konstantem
Strom, wie z. B. bei einer magnetelektrischen Maschine, sein
würde. Diese Schaltungsweise ist, gegenüber der Normalschaltung, besonders dann vorteilhaft, wenn die Nutzleitung
keinen konstanten Widerstand hat.

　　III. Die Kompoundschaltung oder Schaltung mit gemischter Bewickelung, welche von Brush (1879) angewandt
wurde. Der Feldmagnet hat hier eine doppelte Bewickelung.

Die eine, aus starkem Draht, steht — wie bei der Normalschaltung — durch den Kollektor mit der Nutzleitung (L) in
Verbindung, während die andere (aus feinem Draht) den Strom
nur um den Elektromagnet führt. Bei Vergröfserung des
Widerstandes der Nutzleitung fliefst ein entsprechend gröfserer
Stromteil durch die vielen Windungen des dünnen Drahtes,
wodurch das magnetische Feld und damit die gesamte Stromstärke so bedeutend verstärkt wird, dafs eine solche Maschine
(mit Kompound-Schaltung) bei Schwankungen im Widerstande
der Nutzleitung innerhalb weiter Grenzen dennoch eine recht
konstante elektrische Poldifferenz[23]) aufweist, weshalb sie
besonders geeignet für elektrische Beleuchtung mit Glühlampen
ist, die nicht gleichzeitig in Thätigkeit gesetzt werden. — Bei
allen Dynamomaschinen tritt die günstigste Wirkung ein, wenn
der Widerstand in der Nutzleitung gleich dem der Drahtwindungen der Maschine ist. Letzterer entspricht, wenn wir
uns die Dynamomaschine durch eine entsprechend kräftige
Batterie von galvanischen Elementen ersetzt denken, dem
inneren Widerstande, ersterer dem äufseren.

Die grofsartigen Anwendungen, welche die Dynamomaschinen in neuerer Zeit erfahren haben, sind Ihnen schon
im allgemeinen bekannt, so dafs ich mich auf kurze Hinweise
beschränken kann.

Die elektrische Beleuchtung der Strafsen und der
Leuchttürme geschieht durch Bogenlampen, bei denen zwei
harte Kohlenstäbe durch automatische Vorrichtungen beim Stromschlufs in Berührung gebracht und nach dem Erglühen der
Enden auseinander gezogen und in passender Entfernung gehalten werden. Da bei gleichgerichtetem Strom der positive
Kohlenstab stärker verbraucht wird, so benutzt man hierzu
eine härtere Kohle oder man verwendet besonders konstruierte Dynamomaschinen mit Wechselstrom. (Anh. 12).

---

[23]) In vielen Büchern wird statt des von uns benutzten Ausdrucks
„elektrische Poldifferenz" die kürzere Bezeichnung: „Polspannung"
(oder Klemmenspannung) gebraucht. Wir haben diese Bezeichnung vermieden, da sie zu Mifsverständnissen führen kann, indem die elektrische
„Spannung" nicht gleichbedeutend mit „Potentialdifferenz" der
Pole ist, worauf es hier ankommt.

Für die durch elektrisches Bogenlicht erreichbare Licht-
stärke ist keine obere Grenze angebbar, da in neuester Zeit
immer mächtigere Lichtmassen erzeugt werden, welche (für
eine bestimmte Entfernung der Lampe!) eine gröfsere Hellig-
keit entwickeln als das Sonnenlicht. Das Bogenlicht ist besonders reich an den chemisch wirksamen blauen und violetten
Strahlen und kann daher zu photographischen Zwecken verwandt werden. — Zur Zimmerbeleuchtung werden die Glühlampen (s. o. S. 98) bevorzugt, da ihr Licht, wenn auch von
gold-oranger Farbe, milder und dem Auge wohlthuender ist
als das schneidend grelle Bogenlicht.

Die aufserordentliche Hitze, welche im elektrischen Bogenlicht herrscht, ist die höchste, welche wir erzielen können.
Man kann durch geeignete Vorrichtungen aneinandergelegte
Metallstücke an der Berührungsstelle schmelzen und so
elektrisch zusammenschweifsen. Benardos in St. Petersburg
wandte dieses Verfahren zuerst an. Auf den letzten elektrischen
Ausstellungen in St. Petersburg waren u. a. grofse gesprungene
Kirchenglocken ausgestellt, die auf diese Weise zusammen-
geschweifst und wieder klangfähig gemacht waren. — Auch
die hartnäckigsten Sauerstoffverbindungen werden jetzt durch
die Hitze des elektrischen Bogens gelöst und man stellt (vermittelst des Siemens'schen elektrischen Ofens) aus vielver-
breiteten Mineralien, wie Thonerde, gewisse Leichtmetalle her,
die — wie z. B. das Aluminium — rein oder in Legierungen,
als Bronce, vielfach Verwendung finden.

Verbindet man eine Dynamomaschine passend mit einer
zweiten, dem „Induktor", so wird — wenn die erste in Thätigkeit gesetzt wird — die „verkuppelte" rotieren, wie wir es auch
bei den Influenzmaschinen sahen (I. Bd. S. 103). Ist die Achse des
Induktors mit einem Schwungrade versehen, so kann dieser
„elektrische Motor" mechanische Arbeit leisten, als wäre er
von einer Dampfmaschine getrieben. Da hier die treibende
Maschine mit dem Motor nicht unmittelbar verkuppelt zu
sein braucht, sondern durch lange Leitungsdrähte verbunden
sein kann, so ist die Möglichkeit gegeben, Naturkräfte, die
sonst nutzlos verloren gehen, vorteilhaft auszunützen. Stellt
man z. B. an Wasserfällen Turbinen auf und lässt durch sie
Dynamomaschinen treiben, so kann der Strom hunderte von

Elektrischer
Motor.

Kilometern weit nach Orten fortgeleitet werden, wo die Be-
triebskraft nötig ist. Bei dieser „elektrischen Arbeitsübertragung" (in deutschen Werken oft ungenauer Weise
„Kraftübertragung" genannt) sind nun die Transformatoren
(s. o. S. 142) von größter Wichtigkeit. Wie Sie schon (S. 84)
wissen, wird der Widerstand einer langen Leitung umso
leichter überwunden, je größer die elektromotorische Kraft des
Stromes ist. Andererseits sind bei der praktischen Verwendung
zu hochgradige Ströme sehr schwierig zu isolieren, so daß leicht
Energieverluste eintreten und sogar Brandschäden verursacht werden; außerdem können bei zufälligen Berührungen der Leitungsdrähte lebensgefährliche elektrische Schläge erhalten werden (s.
Anh. 12). Man erzeugt daher hochgradige Induktionsströme
(von 30 bis 40000 Volt), welche man am Bestimmungsorte durch
Transformatoren in Ströme von niederem Grade (200 bis
300 Volt), aber entsprechend größerer Stromstärke umwandelt,
ehe man sie in die Nutzleitung überführt. — Nachdem auf
der Ausstellung in Frankfurt a. M. (1891) zuerst im großen
die elektrische Arbeitsübertragung (175 Kilometer, von Laufen
am Neckar) sich als praktisch ausführbar gezeigt hat, werden
schon jetzt in der Schweiz Fabriken auf diese Weise getrieben
und in Nord-Amerika ganze Städte elektrisch beleuchtet. Da
unsere Wälder immer mehr verschwinden und auch für un-
erschöpflich gehaltene Steinkohlengruben zu versiegen drohen,
so ist die elektrische Arbeitsübertragung das Problem
der Zukunft und wird bereits dem nahenden zwanzigsten
Jahrhundert seinen Stempel aufdrücken.

                    *
            *   *

Das Telephon.   Ehe wir das Kapitel über die Induktionsströme schließen,
muß ich noch eine ihrer praktischen Verwendungen erwähnen,
welche — obgleich eine der jüngsten Errungenschaften unserer
Zeit — für das Verkehrswesen von kaum geringerer Bedeutung
geworden ist, als der Telegraph — ich meine: das Telephon
(Fernsprecher).

Bereits 1860 hatte Reis ein Telephon konstruiert, von der
Thatsache ausgehend, daß eine stählerne Stricknadel, welche
mit isoliertem Kupferdraht umwickelt ist, durch den in rhyth-

mischer Folge Stromstöfse geschickt werden, einen klingenden
Ton giebt, dessen Tonhöhe von der Anzahl der Stromstöfse
pro Sekunde abhängt. Da bei der Reis'schen Vorrichtung
der elektrische Strom geschlossen und ganz geöffnet wurde,
so konnte bei der Übertragung eines Klanges wohl die Tonhöhe, aber nicht die Klangfarbe wiedergegeben werden.

Dieses, sowie knarrende, sehr störende Nebengeräusche, welche dieser Apparat hervorbrachte, liefsen
ihn als ein Kuriosum der physikalischen Kabinette erscheinen, das
hin und wieder zur Belustigung
der Zuhörer verwandt wurde.

Von genialer Einfachheit der
Konstruktion und dabei viel besse-
rer Wirkung ist das Telephon von
Bell (1877), das die meisten von
Ihnen, wenn auch in veränderter
Form, durch eigene Anschauung
kennen.

Um die Wirkungsweise dieses
Apparates Ihnen leichter verständ-
lich zu machen, habe ich einen
Stabmagnet (M bei A, Fig. 74) mit
einer Induktionsrolle versehen,
deren Enden zu unserem Multiplikator (G) führen, dessen Nadel aperiodisch schwingt (Fig. 62, S. 125).
An einem Stativ ist eine dünne

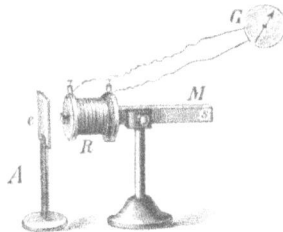

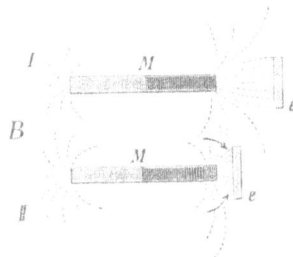

Fig. 73.
Wirkungsweise des Telephons.
$1/10$ natürl. Gröfse.
A Entstehung von Induktionsströmen
durch Annäherung einer Eisenplatte
an den Kern einer Induktionsrolle.
B Verlauf der Kraftlinien eines Stab-
magnets beim Näherrücken einer Eisenplatte.

Eisenplatte (e) befestigt. Während ich die Eisenplatte dem
Magnet nähere, zeigt die Multiplikatornadel einen Ausschlag,
geht aber sofort auf Null zurück, sobald die Eisenplatte stille
steht. Beim Entfernen der Platte schlägt die Nadel nach der
entgegengesetzten Seite aus, d. h. während der Annäherung
einer Eisenplatte an den Pol eines Magnets wird in einer
diesen umgebenden Drahtrolle ein Induktionsstrom
hervorgerufen; desgleichen während des Entfernens
der Eisenplatte, doch ist die Stromrichtung die umgekehrte. Steht die Eisenblechplatte dem Magnetpol recht nahe,

so genügt schon eine leichte Verschiebung, um einen Induktionsstrom zu erzeugen.

Da, wie wir wissen, ein Induktionsstrom nur dann entsteht,
wenn ein Leiter die magnetischen Kraftlinien (quer) durchschneidet, hier aber die Induktionsrolle und der Magnet feststehen, so mufs die Annäherung (oder das Entfernen) der
Eisenplatte eine solche Wirkung hervorgebracht haben, als
ob die Kraftlinien allein sich verschoben und dadurch
die Windungen der Induktionsrolle geschnitten hätten. Wir
Eisen sahen bereits (Fig. 69), dafs die Anwesenheit eines Stückes
im magnetischen Felde den Verlauf der Kraftlinien beeinflufst.
Um Ihnen nun die Wirkung der Bewegung des Stückes
Eisen auf die Kraftlinien zu zeigen, lege ich einen starken
Stabmagnet auf den Tisch, bedecke ihn mit einem Stück
Karton und mache in bekannter Weise die magnetischen
Kraftlinien vermittelst Eisenfeilspänen sichtbar.   Während
einer von Ihnen durch sanftes Klopfen den Karton in leichte
Erschütterung versetzt, rücke ich ein Eisenstück in der
Richtung der magnetischen Achse an den einen Pol heran
(B, Fig. 73).   Sie sehen, wie die Kraftlinien sich mehr und
mehr dem Eisenstück zuwenden, je näher dieses dem Pole
kommt. Jetzt sind (II bei B, Fig. 73) die Kraftlinien an der
Polfläche bereits viel dichter beieinander als vorhin; das
Umgekehrte ist beim Entfernen des Eisenstückes der Fall.
Die Annäherung einer Eisenplatte an die Magnetpole
ist also in der Wirkung gleichbedeutend mit einer
Vergröfserung der Intensität des magnetischen Feldes
(vor den Polflächen), oder — wie wir uns, der Anschaulich-
keit halber, vorstellen können — einer Verschiebung der
Kraftlinien nach der Polfläche zu (also in der Richtung der
Pfeile bei II in B, Fig. 73). Damit ist die Bedingung für die
Entstehung von Induktionsströmen gegeben (s. o. S. 129).

Um Ihnen die Wirkungsweise des Bell'schen Telephons
anschaulich zu machen, benutze ich ein einfaches Telephon-
modell (A, Fig. 74). Zwei auf Ständern befestigte starke Stabmagnete sind mit Drahtrollen versehen, die ich durch Drähte
miteinander so verbinde, dafs der in R_1 erzeugte Induktionsstrom in R_2 in gleichem Sinne fliefst. Vor dem Pole des einen
Magnets (M_2) schwebt an einer feinen elastischen Uhrfeder

eine kleine Scheibe aus dünnem Eisenblech (e), deren eine
dem Pole zugekehrte Fläche mit Papier beklebt ist. Ich reguliere die Entfernung so, dafs durch die magnetische Anziehung
auf die Eisenscheibe die Feder etwas gespannt wird, ohne
dafs die Scheibe den Pol berührt. Nähere ich nun rasch
eine weiche Eisenplatte (E) dem Magnet M_1, so wird die Eisenscheibe e vom Magnet M_2 ebenfalls angezogen, doch ist die
Bewegung fast unmerklich. Wenn ich aber in demselben

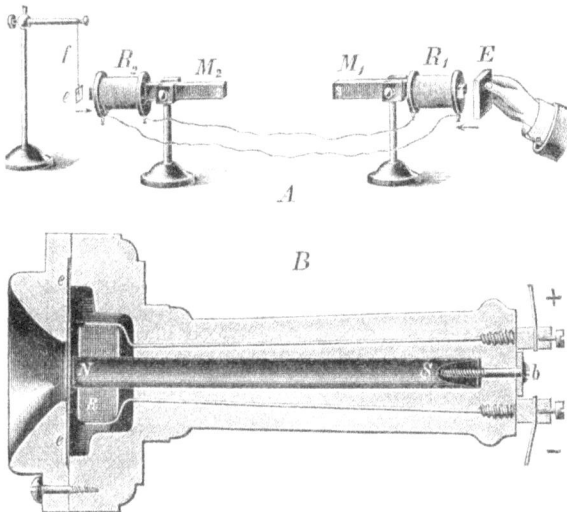

Fig. 74.
A Einfaches Telephon-Modell nach Bosschard. $1/10$ natürl. Gröfse.
B Bell'sches Telephon. $1/2$ natürl. Gröfse.

Tempo, in welchem die Feder schwingt, die Eisenscheibe E
nähere und entferne, so gerät die Scheibe e bald in sichtbare
Schwingungen. [Hätte ich die Verbindungsdrähte gekreuzt,
oder bei M_2 den anderen Pol mit der Drahtrolle versehen, so
wären die Schwingungen von e ebenfalls erfolgt, nur würde
der Induktionsstrom die Intensität des magnetischen Feldes
bei M_2 in entgegengesetztem Sinne beeinflussen, daher
würde eine Annäherung von E an M_1 ein Entfernen der
Scheibe e von M_2 bewirken. Bei Telephonen ist das nicht
weiter störend.]

Bell's Telephon (B, Fig. 74) besteht nun aus einem

stark magnetisierten Stahlstabe, der in einem durch eine
Schraube (f) regulierbaren, sehr kleinen Abstande vor
einer runden vernickelten Platte aus dünnem Eisenblech (e)
sich befindet. Diese am Rande festgeklemmte Platte wird vom
Magnet angezogen und ist daher fortwährend in ge-
spanntem Zustande. Wird nun — etwa durch Schallwellen — diese Eisenmembran in Schwingungen versetzt,
so werden bei der Annäherung, sowie bei der darauf folgenden
Entfernung der Platte vom Magnetpol in der Rolle (R) Induktionsströme von entgegengesetzter Richtung erzeugt, welche zu einem zweiten Telephon geleitet werden.
Hier erzeugen die einzelnen Stromstöße in gleichen Zeitinter-
vallen Intensitätsänderungen im magnetischen Felde. Die
Eisenmembran des zweiten Telephons gerät dadurch in gleichzeitige (isochrone) Schwingungen, welche sich der Luft mit-
teilen und als Schall hörbar sind.

Hierbei finden nun sechs Umsetzungen der Energie statt:

I. Telephon (Absender).	II. Telephon (Empfänger).
1. Die vor dem Telephon erzeugten Schallschwingungen versetzen die Eisenplatte in Mitschwingungen.	4. Die ankommenden Stromstöße erzeugen Intensitätsschwankungen des magnetischen Feldes.
2. Hierdurch entstehen Schwankungen in der Intensität des magnetischen Feldes.	5. Diese veranlassen Schwingungen der Eisenplatte.
3. Diese erzeugen Induktionsströme.	6. Dadurch wird die Luft in Schwingungen versetzt.

Vermittelst des Bell'schen Telephons können wir also
ohne Anwendung einer Stromquelle den Schall nach
einem anderen Orte übertragen oder, richtiger gesagt, dort
wieder hervorrufen. Da nun hierbei die Induktionsströme erst
durch die Schwingungen der Eisenmembran hervorgerufen
werden müssen und noch Umsetzungen mechanischer Energie
in magnetische und elektrische (und umgekehrt) stattfinden,
wobei Energieverluste unvermeidlich sind, so können diese
Telephone nur auf verhältnismäßig kurze Strecken die mensch-
liche Stimme deutlich übertragen, doch genügen gut gebaute
Apparate dieser Art (besonders die von Siemens in Berlin
und Ader in Paris, welche hufeisenförmige Magnete mit Pol-

schuhen verwenden, die gleichzeitig auf die Platte wirken,
wodurch diese in stärkere Schwingungen versetzt wird) noch
für Entfernungen von 30—40 Kilometern, finden daher beim
Telephonnetz von Städten vielfach Anwendung.

Um nun auf weitere Strecken telephonieren zu können,
mufs man suchen, die Intensitätsschwankungen des
magnetischen Feldes zu vergröfsern, ohne dabei in den
Fehler des Reis'schen Apparats zu verfallen, wo ein Strom
ganz unterbrochen wird. Es kommt vielmehr darauf an,
statt der Energie der Schallwellen, die einer Stromquelle zu benutzen und ein Auf- und Abschwanken der
Stromstärke durch die Schallschwingungen zu bewirken, damit nicht nur die Tonhöhe und die relative Stärke der
einzelnen Töne, sondern auch nach Möglichkeit der durch die
Klangfarbe der Töne bewirkte Charakter der Schwingungen
beim zweiten Apparate wiedergegeben werde.

In überraschend einfacher Weise gelang dieses R. D. Das Mikrophon.
Lüdtge in Berlin (Januar 1878) und fast gleichzeitig und unabhängig davon Hughes. Schaltet man in den Stromkreis
eines galvanischen Elementes einige sich lose berührende
Kohlenstücke ein, so bewirkt eine Zusammenpressung der
Kohlenstücke eine Vergröfserung der Berührungsfläche
und damit eine Verminderung des Widerstandes an
dieser Stelle. Spannt man nun einen Kohlenstab (A, Fig. 75)
zwischen zwei feststehende Kohlenstücke, zu welchen die
Leitungsdrähte führen, so ein, dafs der Druck reguliert
werden kann, so werden geringe Erschütterungen des Re-
sonanzbodens, auf welchem die Kohlenhalter befestigt sind,
entsprechende Verminderungen oder Verstärkungen des Widerstandes bewirken, wodurch gleichzeitige Stromschwankungen erzeugt werden. Diese bewirken in dem eingeschalteten
Telephon weit gröfsere Intensitätsänderungen des magnetischen
Feldes als die schwachen Induktionsströme eines Absende-
Telephons. Der Ton wird hierbei so verstärkt, dafs z. B. das
Kriechen einer Fliege als lautes Kratzen hörbar wird.
Vermittelst eines solchen Apparates können die leisesten Ge-
räusche hörbar gemacht werden, deshalb nannte ihn Hughes
— nach Analogie zum Mikroskop, das die Welt des Kleinen
sichtbar macht — ein Mikrophon (Feinhörer).

Noch wirksamer wird, besonders bei Übermittelungen des Schalles auf weitere Entfernungen, die gleichzeitige Verwendung eines Induktionsapparates (vgl. Fig. 67 A, S. 139). Leitet man den Strom vom Mikrophon (M bei *B*, Fig. 75) zu der primären Rolle (I) von dort zum Element (E) zurück, so werden die durch das Mikrophon bewirkten Stromschwankungen in der aus vielen Windungen bestehenden sekundären Rolle (II)

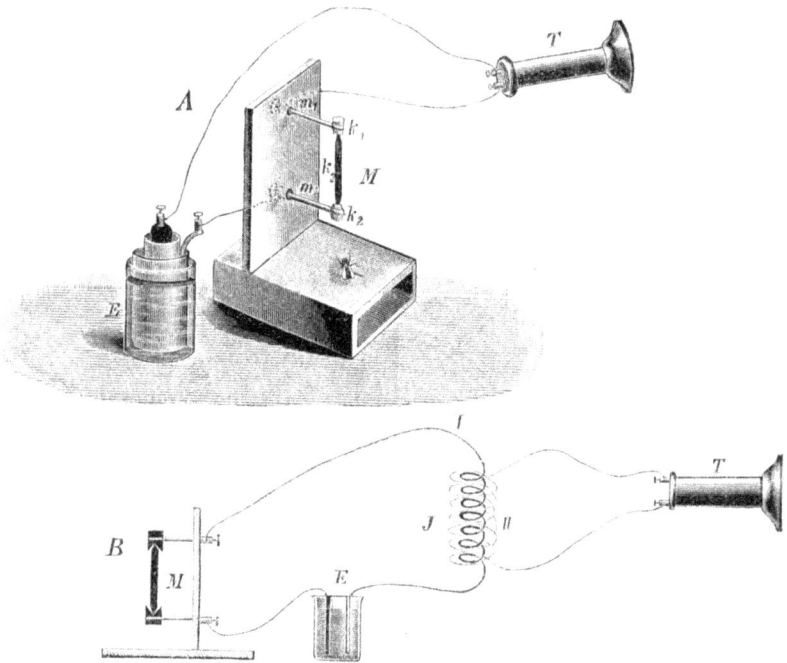

··Fig. 75.

A Mikrophon. $1/8$ natürl. Gröfse.
B Telephon (T) mit Mikrophon (M) und Induktionsrolle (J).

hochgradige Induktionsströme erzeugt, die noch auf weite Entfernungen energisch auf das mit ihr verbundene Telephon (T) wirken. Auf diese Weise ist es möglich geworden, entlegene Orte, wie New-York und Chicago, telephonisch zu verbinden; selbst das Meer bietet keine unüberwindliche Schranke mehr. Täglich zieht sich das Telephonnetz enger, das die Nachbarstädte, ja Nachbarstaaten verbindet und so ist das Telephon ein wichtiger Faktor für das Verkehrsleben geworden, da es seinen älteren Bruder, den Telegraphen, vortrefflich ergänzt, indem es die Stimme des Sprechenden zu erkennen gestattet!

* * *

Schlufs.

Gar lange habe ich heute Ihre Aufmerksamkeit in Anspruch genommen, und dennoch konnte ich nur das Wichtigste kurz berühren, da ein näheres Eingehen die uns gesteckten Grenzen überschritten hätte.

Mehrfach haben wir auf unseren Wanderungen unsere Zuflucht zu Hypothesen nehmen müssen, um Zusammenhang in die beobachteten Erscheinungen zu bringen. Es wird vielleicht nicht uninteressant sein, jetzt, am Schlufs, einen Rückblick auf die Wandlungen der physikalischen Hypothesen zu werfen und dann einen Blick in die Richtung zu thun, wohin die Forscher der Jetztzeit vorzudringen suchen[24]).

Oft kann man, auch in Büchern, der Behauptung begegnen, Aufgabe der Physik als Wissenschaft sei: die beobachteten Erscheinungen zu erklären! Was heifst aber überhaupt physikalische Vorgänge erklären? Offenbar nichts anderes, als uns noch unbekannte Vorgänge auf bekannte zurückführen. Welches aber die „bekannten“ sind, hängt von dem zufälligen historischen Entwicklungsgange der Physik ab. Alle Erklärungsversuche physikalischer Vorgänge tragen daher den Stempel des Zufälligen an sich und sind mit der Zeit Umwandlungen unterworfen. Nicht die Erklärung der physikalischen Erscheinungen, sondern der Nachweis ihres Zusammenhanges ist von bleiben-

---

[24]) Hierbei folgt der Verfasser im wesentlichen dem Gedankengange, den Prof. Dr. O. Chwolson in einer kleinen, fesselnd geschriebenen (russischen) Schrift „Die Hertz'schen Versuche“ eingeschlagen hat. (Sonder-Abdruck aus der Zeitschrift „Elektricität“ 1890.)

dem Wert und fördert unsere Naturerkenntnis. Die Aufgabe
der Physik ist es demnach: den Zusammenhang der
beobachteten Erscheinungen aufzudecken.

Noch zu Anfang dieses Jahrhunderts nahm man allgemein
für die Wärme, das Licht, den Magnetismus und die Elektricität unter sich verschiedene Stoffe (Fluida) an, die den Gesetzen der Schwere nicht unterworfen wären und daher ge-
wichtslose Stoffe (Imponderabilien) hiefsen. Die Physik
zerfiel demnach in die Lehre von den Ponderabilien
(Mechanik fester, flüssiger und gasförmiger Körper) und in
die Lehre von den Imponderabilien, deren vier (oder
sechs) angenommen wurden, nämlich der Wärmestoff, Licht-
stoff, magnetischer Stoff und Elektricitätsstoff (wobei die beiden
letzteren von den Dualisten noch in je zwei Stoffe mit entgegengesetzten Eigenschaften geschieden wurden). Dabei fand
keinerlei Zusammenhang zwischen den einzelnen Gebieten statt.
Als nun z. B. die Wirkungen des galvanischen Stromes auf die
Magnetnadel einen unerwarteten Zusammenhang zwischen
den bis dahin streng geschiedenen Gebieten des
Magnetismus und der Elektricität zeigten, da fiel die
Schranke zwischen beiden und die Annahme eines besonderen
imponderabilen Stoffes für den Magnetismus erschien über-
flüssig und wurde aufgegeben.

Das war ein wichtiger Moment in der Entwicklungsge-
schichte der Physik, denn mit ihm trat die Naturerkenntnis in eine neue Phase. Ähnlich, wenn auch nicht so her-
vortretend, weil allmählich vorbereitet, wirkte die spektralanaly-
tische Forschung, indem sie nachwies, dafs die Wärmestrahlen und die Lichtstrahlen (so wie die gleichfalls angenommenen „chemisch wirksamen" Strahlen) nicht an sich
verschieden seien, sondern dafs es von der Natur der Körper,
welche getroffen werden, abhängt, ob der Strahl eine Wärme-,
Licht- oder chemische Wirkung äufsert. Man nahm nun an,
dafs Licht- und Wärmestrahlen Schwingungsbewegungen eines
einzigen, das Weltall durchdringenden imponderabilen Stoffes,
des Lichtäthers sei; damit war auch der „Wärmestoff" beseitigt.
So blieben denn bis in die neueste Zeit noch zwei von einander verschiedene Imponderabilien übrig: der Lichtäther als Träger der Licht- und Wärmeerscheinungen

und der gänzlich mysteriöse, unfaſsbare Träger der magnetischen und elektrischen Erscheinungen.

Die Gelehrten nahmen bisher an, daſs die Erscheinungen der Influenz und Induktion unmittelbare Fernwirkungen seien, bei denen das zwischenliegende „isolierende" Medium (Dielektrikum) eine passive Rolle spiele, sodaſs alle elektrischen Vorgänge sich auf die in (oder auf) dem Leiter abspielenden beschränken. Nur Faraday konnte keine unmittelbare Fernwirkung anerkennen und hielt das einen elektrischen Leiter umgebende Dielektrikum für den Hauptträger der dynamischen (kinetischen) Wirkungen. Nach seiner Annahme hätten die magnetischen und elektrischen Kraftlinien (welche die Richtung der jeweilig wirkenden Kräfte markieren) eine reale Existenz. Er wies am Kondensator nach, daſs die Natur des Dielektrikums die Kapacität des Kondensators wesentlich beeinfluſst, daſs z. B. der luftleere Raum ebenfalls als Dielektrikum wirkt, und daſs der Ersatz der Luft durch ein anderes Dielektrikum z. B. Schwefel oder Glas u. a. die Kapacität des Kondensators in einem bestimmten Verhältnis vergröſsert (I. Bd. S. 79). Hieraus schloſs er, daſs die magnetischen und elektrischen dynamischen Wirkungen sich in dem umgebenden Dielektrikum selbst abspielen, und daſs also in diesem und nicht im Leiter sich diejenigen Zustandsänderungen vollzögen, welche wir als elektrische Fernwirkungen bezeichnen. Auch nahm Faraday an, daſs diese Zustandsänderungen sich mittelbar, also von Punkt zu Punkt im Dielektrikum fortpflanzen. Hieraus folgt, daſs der eigentliche Träger der magneto-elektrischen Wirkungen ein den ganzen Weltenraum durchdringendes Medium sein müsse, und daſs die Wirkungen selbst im Dielektrikum Zeit brauchen, um sich von einem Punkte des Raumes zu dem anderen auszubreiten. Ja, es ist denkbar, daſs diese elektrischen Wirkungen im Raume noch nachdauern, wenn die erregende Kraft am Ausgangspunkt schon verschwunden, wie ein Fixstern schon erloschen sein kann, während wir ihn noch am Himmel sehen, weil sein Licht schon Jahre lang unterwegs gewesen ist, ehe es unser Auge trifft. — Es ergab sich dann mit fast zwingender Notwendigkeit die Annahme, daſs der Weltäther oder Lichtäther zugleich

Träger der magnetischen und elektrischen Erscheinungen sei. Neuere Forschungen haben dieses nun im hohen
Grade wahrscheinlich gemacht. Faraday, wohl der gröfste
Experimentator aller Zeiten, besafs nicht das Rüstzeug der
höheren Mathematik. Dagegen hat sein Schüler Clark Maxwell auf mathematischer Grundlage eine elektro-magne-
tische Theorie des Lichtes aufgestellt, welche die magnetischen, elektrischen und optischen Erscheinungen als gemeinsame Bewegungserscheinungen des Weltäthers auffafst. Ist diese
Theorie richtig, so müssen magneto-elektrische „Schwingungen"
herstellbar sein, welche den Gesetzen der Optik: der Reflexion
und der Brechung, gehorchen! Der experimentelle Nachweis
gelang weder Faraday noch Maxwell und wurde erst in
den letzten Jahren von einem jungen, kürzlich (am 1. Januar
1894) verstorbenen deutschen Gelehrten, Prof. Heinrich Hertz,
geführt, dessen „Untersuchungen über die Ausbreitung der
elektrischen Kraft" (1887—1893) die Physiker aller Länder auf
das lebhafteste interessierten und den Entdecker mit einem
Schlage in die erste Reihe der Forscher aller Zeiten stellten.

Es kann nicht meine Aufgabe sein, Ihnen die komplizierten
Versuche dieses genialen Gelehrten, der die Experimentier-
kunst eines Faraday mit der mathematischen Ausbildung
Maxwell's vereinigte, zu beschreiben, besonders da die Untersuchungen noch lange nicht abgeschlossen sind. Nur auf eine
der Schwierigkeiten will ich noch hinweisen, welche zu überwinden war, und kurz einiger Resultate erwähnen.

Der Lichtäther hat, wie jedes vollkommen elastische
Medium, die Eigenschaft: die durch periodische Stöfse an einer
Stelle erfolgenden Erschütterungen (Perturbationen) mit einer
konstanten Geschwindigkeit fortzupflanzen, welche ganz
unabhängig von der Anzahl der in der Zeiteinheit erfolgenden
Stöfse ist. Bei der Wellenbewegung des Lichtes haben die
einzelnen Ätherteilchen eine pendelartig schwingende Bewegung, während die Fortpflanzung im Raume in senkrechter
Richtung zur Schwingungsebene der einzelnen Teilchen erfolgt (transversale Schwingungen). Die Strecke, um welche
die Bewegung im Raum fortrückt, während ein Teilchen seine
Schwingung hin und her (um seine Ruhelage) vollendet, heifst
eine Wellenlänge. Da, wie erwähnt, die Fortpflanzungs-

geschwindigkeit der Wellen eine konstante ist, so werden die
Wellen um so länger sein, je langsamer die periodischen Stöfse,
welche sie erregten, auf einander folgen. — Welcher Art nun
die Perturbationen des Äthers sind, welche (nach der Maxwell-
schen Theorie) die magneto-elektrischen Erscheinungen be-
dingen (ob transversale Wellen, wie die des Lichtes, ob wir-
belartige — —), wissen wir nicht, nur ergiebt die Rechnung,
dafs die „elektrischen Perturbationen" des Äthers etwa dieselbe Fortpflanzungsgeschwindigkeit haben müssen, wie die
Lichtstrahlen, d. h. etwa 300 000 Kilometer oder 300 Millionen
Meter in der Sekunde. Unter dieser Voraussetzung müfsten
elektrische Wellen von 10 Meter Länge, falls sie existieren,
(längere lassen sich in geschlossenen Räumen kaum beobachten) immerhin 300 000 000 / 10 = 30 Millionen Schwingungen
in der Sekunde vollführen. Um aber bequemere, in jedem
physikalischen Kabinett zu beobachtende Wellen von 3 Meter
Länge zu erzeugen, müfsten die erzeugenden Stöfse 100 Millionen mal in 1 Sekunde auf einander folgen.

Nach vielen vergeblichen Versuchen gelang es Hertz, durch
eine sinnreiche Vorrichtung, die er an dem Rühmkorff'schen
Funkeninduktor anbrachte, elektrische Entladungen von genügend schneller Aufeinanderfolge zu erhalten, um mit ihrer Hülfe
stehende „elektrische Wellen" in der Luft zu erzeugen, deren
Wellenlänge gemessen werden konnte. Es ergab sich auch, dafs
die „elektrischen Wellen" (wie wir die ihrer Natur nach unbe-
kannten Perturbationen nennen wollen) sich in einem gleichförmigen Dielektrikum geradlinig fortpflanzen, dagegen wenn
sie ein anderes Dielektrikum treffen, gebrochen werden und
zwar nach den gleichen Gesetzen, wie die Lichtstrahlen. Überraschend für den ersten Augenblick, aber ebenfalls der Maxwell'schen Theorie entsprechend, war die Beobachtung, dafs
die Leiter (Metalle) die elektrischen Schwingungen
nicht fortzuleiten vermögen, sondern reflektieren.

So wurden denn durch die Hertz'schen Versuche die Vor-
aussetzungen der auf Faraday's Anschauung begründeten
Maxwell'schen elektromagnetischen Lichttheorie bestätigt.
Jetzt — etwa ein Jahrhundert nach Entdeckung der galvanischen Elektricität — fällt vor unseren Augen die Schranke,
welche die optischen Erscheinungen von den magnetisch-

elektrischen schied. Noch ist hierbei vieles zu erforschen
übrig, aber durch die grundlegenden Arbeiten von Faraday,
Maxwell und Hertz ist die Physik in eine neue Phase ihrer
Entwicklung getreten.

*   *   *

So haben wir denn unsere Wanderungen beendet. Nur
einführen in die Elektricitätslehre konnte ich Sie. Wenn Sie
aber durch das, was Sie jetzt gesehen und erfahren haben,
angeregt würden, sich weiter auf diesem Gebiete umzusehen,
so wäre mir das der schönste Lohn!

Anhang.

— — —

1. Durch Anwendung sehr starker Elektromagnete gelang ^{S. 1.} es Faraday (1845) nachzuweisen, daſs alle Körper magnetische Eigenschaften zeigen, aber nicht in gleicher Weise. Während nämlich Eisen, Nickel, Kobalt u. e. a. von beiden Magnetpolen angezogen werden, ist bei anderen Körpern, wie Antimon, Wismuth, Zink und den meisten übrigen, das Umgekehrte der Fall, d. h. sie werden von beiden Magnetpolen abgestoſsen. Die erste Gruppe von Körpern, deren typischer Vertreter das Eisen ist, nannte Faraday paramagnetisch, die andere diamagnetisch. Die Verbindungslinie der Pole eines Magnets heiſst die magnetische Achse, eine in ihrer Mitte senkrecht gezogene Ebene der Aequator. Hängt man nun ein paramagnetisches Stäbchen zwischen die Polschuhe eines starken Elektromagnets, so stellt es sich in Richtung der magnetischen Achse (axial), d. h. den magnetischen Kraftlinien parallel. Ein diamagnetisches Stäbchen dagegen stellt sich zur magnetischen Achse senkrecht (äquatorial), d. h. senkrecht zu den Kraftlinien. Weber erklärte dieses durch die Annahme, daſs in den diamagnetischen Körpern durch die Einwirkung der Magnete molekulare Ströme von entgegengesetzter Richtung induciert würden, was auch bei dielektrischen Köpern stattfinden könne; und in der That erweisen sich Glas und andere Nichtleiter als stark diamagnetisch.

2. Der sogenannte „Volta'sche Fundamentalversuch" ^{S. 30.} besteht in dem Nachweise, daſs zwei Platten aus verschiedenen Metallen, die an isolierenden Handgriffen mit den frisch gereinigten Flächen zur Berührung gebracht und (in möglichst paralleler Haltung) wieder von einander entfernt werden, eine

elektrische Niveaudifferenz (Potentialdifferenz) zeigen, welche
nur von der Natur der verwandten Metalle, aber nicht von
der Gröfse der Berührungsfläche abhängig ist. Die Ursache
dieser „durch blofse Berührung" entstandenen Elektrisierung
der beiden verschiedenen Metallplatten nannte Volta die
elektromotorische Kraft (Kontakttheorie). Bei Anwendung
einer Zink- und einer Kupferplatte zeigt das Zink + E, das
Kupfer — E (also umgekehrt, wie beim gleichzeitigen Eintauchen in angesäuertes Wasser, an den herausragenden
Enden, oder direkt so wie die Metallteile innerhalb der
Flüssigkeit). Ähnlich, wie die festen Körper in Bezug auf ihr
elektrisches Verhalten beim Reiben (I. Bd. S. 13), lassen sich
auch die Metalle und Kohle so in eine Spannungsreihe
ordnen, dafs jedes Metall durch Berührung mit dem Folgenden
elektropositiv geladen wird.

Volta's Spannungsreihe:

+ Zink Blei Zinn Eisen Kupfer Silber Gold Kohle Graphit Braunstein —

Hierbei findet folgendes von Volta gefundene Gesetz statt:
Die elektromotorische Kraft zwischen zwei beliebigen Gliedern
der Reihe ist gleich der Summe der elektromotorischen Kräfte
der zwischenliegenden Kombinationen, z. B. Zink / Kupfer =
Zink / Zinn + Zinn / Eisen + Eisen / Kupfer, oder auch: Zink /
Kohle + Kohle / Kupfer = Zink / Kupfer u. s. w. Da sich die
flüssigen Leiter dem Gesetz der Spannungsreihe nicht fügen,
so nannte Volta die Metalle (und die Kohle) „Elektromotoren erster Klasse", und die flüssigen Leiter „Elektromotoren zweiter Klasse". Diese Unterscheidung ist umso-
mehr berechtigt, als die Metalle vom elektrischen Strom nur
erwärmt werden, während bei den Elektromotoren der zweiten
Klasse stets zugleich eine chemische Zersetzung (die wir für
die Ursache der elektromotorischen Kraft annahmen, s. o. S. 29)
stattfindet. Flüssigkeiten, welche nicht durch den elektrischen Strom zersetzt werden, wie Vaselinöl, Alkohol
und sogar chemisch reines Wasser, leiten den Strom nicht!

3. Bei den Chromsäure-Elementen wird meist eine Lösung s. 31. von doppeltchromsaurem Kali benutzt, welche durch das Ausscheiden von Chromalaun sehr lästig ist. Weit zweckmäfsiger ist die Anwendung von doppeltchromsaurem Natrium, da die Alaunausscheidung fast ganz fortfällt. Folgende Mischung, die Sie sich am besten vom Apotheker herstellen lassen, hat sich gut bewährt: 100 Gewichtsteile Wasser, 25 Teile rohe Schwefelsäure, 12 Teile Natriumbichromat. Der fertigen Lösung kann man etwas schwefelsaures Quecksilber (oder Quecksilberoxyd) zusetzen (3—4 Gramm auf 1 Liter Flüssigkeit), wodurch die Zinkplatte stets amalgamiert und blank erhalten wird.

4. Lametta heifsen die flachen, aus gewalztem Metall s. 43, 51, 98. geprefsten Fäden, welche u. a. zur Verzierung der Weihnachtsbäume verwandt werden. Die gewellte Sorte ist vorzuziehen. Zu dem sehr anschaulichen Versuch (Fig. 34, S. 57) kann man auch je 2 oder 3 Lamettafäden zugleich einspannen. In Ermangelung solcher ist ein schmaler Streifen aus recht dünner Zinnfolie (Stanniol) von 2—3 mm Breite und 50 cm Länge recht gut brauchbar.

5. In dem Werke: „Essay théorique et expérimentale sur s. 54. le galvanisme", par Jean Aldini, Paris An XII.—MDCCCIV (1804) [mit der Widmung: A Bonaparte, citoyen, premier consul et président], findet sich S. 340 die Bemerkung: „*M. Romaguesi*, physicien de Trente, qui a reconnu, que le galvanisme faisait décliner l'aiguille aimantée." — [Diese litterarische Notiz verdanke ich dem Herrn Prof. Dr. O. Chwolson in St. Petersburg.]

6. Beim Fleeming'schen Normal-Element, [welches auch s. 65. durch das kleine Element (Fig. 17, S. 35) ersetzt werden kann] taucht der Zinkstab in eine Lösung von 55,5 Teilen Zinksulfat in 44,5 Teilen Wasser (spec. Gew. = 1,2 bei 20°C.) und der Kupferstab in eine Lösung von 16,5 Teilen Kupfersulfat in 83,5 Teilen Wasser (spec. Gew. = 1,1 bei 20° C.). Der Zinkstab mufs, wenn er nicht chemisch rein ist, gut amalgamiert sein. Das Glasgestell (Fig. 38) kann aus einem Stück bestehen. Da aber die eingeschliffenen Glas-Hähne teuer sind, kann man den Apparat auch aus einzelnen Teilen zusammensetzen, die durch Gummischläuche mit Ebonit-Hähnen (oder Quetsch-Hähnen) verbunden sind. — Zu allen messenden Versuchen können nur

konstante Elemente benutzt werden. Damit sie während des
Gebrauches möglichst gleichmäfsig wirken, läfst man sie nach
dem Zusammenstellen etwa 10 Minuten unter „Kurzschlufs"
arbeiten, d. h. man verbindet die Polklemmen durch einen
kurzen, dicken Kupferdraht, damit sich im Inneren des Elementes ein gewisser Gleichgewichtszustand herstellt.

S. 67.   **7.** Bei unserer Versuchsanordnung (Fig. 39) steht die Galvanometernadel unter dem Einflufs zweier Richtkräfte: der
des Erdmagnetismus und der beiden Stabmagnete. Ersterer
sucht der Magnetnadel eine nord-südliche Richtung zu geben,
letztere eine ost-westliche; daher nimmt die Nadel eine gewisse
mittlere Richtung ein (Resultante). Je näher die beiden
Magnete zur Bussole geschoben werden, umso mehr überwiegt
ihre Richtkraft die des Erdmagnetismus, d. h. der Winkel, den
die Galvanometernadel mit dem magnetischen Meridian bildet,
wird immer gröfser. Da nun die Magnetstäbe stark magnetisiert und genügend lang sind (40 cm), so ist ihr magnetisches
Feld im mittleren Teile, welcher von der (kurzen!) Galvanometernadel eingenommen wird, homogen, d. h. die Intensität ist (fast)
konstant und die Kraftlinien sind hier parallel. Hierauf
beruht (für eine nicht zu lange Magnetnadel) die Zulässigkeit
der von uns benutzten Graduierungsmetbode.

Beim Graduieren (Aichen) des Galvanoskopes wurde
die Stromstärke, welche eine Ablenkung $\alpha_1 = 14^0$ ergab, als
(willkürliche) Einheit der Stromstärke angenommen. Zur Herstellung der bleibenden Aichungsskala empfiehlt es sich, die
Resultate der Graduierung graphisch darzustellen, indem man
auf quadriertem Millimeter-Papier als Abscissen (horizontal) in
1 cm Abstand die Stromstärken (0, 1, 2, 3 . . .) und als
Ordinaten (vertikal) die beobachtete Anzahl der (Bogen-)
Grade, die auf Zehntel genau abzulesen sind, aufträgt und
die erhaltenen Punkte zu einer Kurve verbindet. Diese Kurve
kann bei genaueren Messungen als Hülfsmittel zur Reduktion
der Gradskala in Aichungsgrade dienen und benutzt werden, um
die nicht beobachteten Bruchteile der Aichungsskala (Halbe
oder Zehntel) einzutragen, auch giebt ihr Verlauf ein gutes
Merkmal ab für die Güte der Messung.

Näheres über das Graduieren in der „Zeitschrift für den

phys. u. chem. Unt." (in Bezug auf das Elektrometer IV, 1891, S. 293, das Galvanometer VII, 1894, S. 122).

8. Die Glühlampe ist von Heinrich Göbel, einem nach s. 98. New-York ausgewanderten Hannoveraner, bereits 1855 erfunden. Göbel wurde von der Gesellschaft zur Ausbeutung der Edison'schen Erfindungen 1881 engagiert und seit der Zeit erschienen die sogenannten Edison'schen Glühlampen auf dem Markt. [Elektrotechn. Zeitschr. 1892, H. 7, nach El. Eng. vom 25. Jan. 1892.]

9. Wird bei unserem Demonstrations-Galvanometer s. 107. (vergl. Fig. 37, S. 64), bei vertikaler Stellung des Ringes (R), durch diesen ein konstanter Strom von genügender Stärke geleitet, um einen Ausschlag von etwas über 45⁰ hervorzurufen, so läfst sich — durch Neigen des Ringes — immer ein Ausschlag = 45⁰ erzielen! — In diesem Falle hat der Apparat seine gröfste Empfindlichkeit. [Bei einer gewöhnlichen Bussole kann man einen Winkel höchstens auf $^1/_5$ Grad genau ablesen (bei der unsrigen, die einen grofsen Teilkreis hat, höchstens auf $^1/_{10}$ Grad). Für kleinere Winkel macht das einen merklichen Bruchteil des Ablenkungswinkels aus, wodurch (bei 25⁰, resp. 5⁰) der Fehler in der Stromstärke 1, resp. 4% betragen kann. Andererseits ändern sich bei gröfseren Winkeln (über 60⁰) die Tangenten sehr rasch (die Aichungsgrade werden bedeutend kleiner), weshalb der Ablesungsfehler das Resultat wieder stark beeinflusst. Daher sucht man eine Ablenkung = 45⁰ zu erzielen, da hier der Einflufs des Fehlers am wenigsten wirksam ist]. — Unser Galvanometer ist in seinem Fufsgestell drehbar. Man kann also, wenn durch einen Strom eine gewisse Ablenkung bewirkt ist, die Bussole der Nadel nachdrehen, bis diese wieder auf *Null* einsteht! In diesem Falle ist die Stromstärke proportional dem *Sinus* des Drehungswinkels (δ) der Bussole ($J = k'$. sin δ, wo k' einen konstanten Faktor bedeutet). Für eine solche Messung wird das Instrument zuerst so aufgestellt, dafs die Zeiger der Magnetnadel in der Ruhelage und das Visier (v, Fig. 37) genau auf *Null* einstehen. Da das Visier die Drehung der Bussole nicht mitmacht, kann man durch es an der Gradskala den Drehungswinkel ablesen. Dieses Galvanometer ist daher zugleich eine Sinus-Bussole.

Die Handhabung einer solchen ist, des Nachdrehens wegen, zeitraubender als die der Tangens-Bussole, dafür hat die Länge der Nadel keinen fehlerhaften Einfluſs auf das Resultat, weil die Nadel bei der Ablesung wieder in der Ringebene liegt. Daher wird die Sinus-Bussole (erfunden von Pouillet 1837) vorzugsweise zur genaueren Messung schwacher Ströme verwandt. Wir haben uns, um rasch experimentieren zu können und nicht durch Rechnungen aufgehalten zu werden, des graduierten Galvanometers bedient, dessen Angaben der Stromstärke direkt proportional sind ($J = k''. A$, wo A die Anzahl der Grade an der Aichungsskala bedeutet). Daſs die erreichbare Genauigkeit der Messungen von der Zuverlässigkeit der Aichungsskala abhängt, ist wohl selbstverständlich.

S. 110.   10. Schilling's Priorität in Bezug auf die Erfindung des magneto-elektrischen Telegraphen wurde schon von Munke (in Gehler's Wörterbuch 1838, IX, S. 111—115) anerkannt. In neuerer Zeit auch von Zetzsche (Geschichte der Telegraphie, Berlin 1877, S. 66) und Netoliczka (Illustrierte Gesch. der Elektricität, Wien 1886, S. 174—176). — Auffallender Weise haben die deutschen Lehrbücher davon keine Notiz genommen.

S. 125.   11. Das leicht herstellbare Universalgestell, welches wir als Ampère'sches Gestell (Fig. 23) und als Modell eines Multiplikators (Fig. 35, 36) kennen lernten, kann — wenn man auf die Benutzung eines besonderen, graduierten Galvanometers verzichtet — zu sämtlichen in der Schulphysik erforderlichen Versuchen mit galvanischen Strömen dienen. [Die Herstellung ist beschrieben in d. Zeitschr. f. d. phys. u. chem. Unt. VIII, S. 155]. Um es als brauchbares Modell einer Tangensbussole zu verwenden, benutzt man zweckmäſsig eine kurze Magnetnadel (z. B. eine von der Form Fig. 35, B, deren Länge von einer Biegung zur anderen 3 cm beträgt). Dann genügt ein darüber geschobener Ring aus starkem Draht von 20 cm Durchmesser vollständig. — Stellt man den Ring in einem Abstande von 5 cm (d. h. ¹/₄ des Ringdurchmessers) vom Mittelpunkt der Magnetnadel auf, so sind die Tangenten der Ausschlagwinkel den Stromstärken direkt proportional (unabhängig von der Nadellänge). Diese Form der Tangentenbussole wurde von Helmholtz und Gaugain angegeben. — Für thermo-elektrische Ströme oder zum Nachweis der magnet-elektrischen

Induktion werden zwei Doppelrahmen und eine astatische Nadel (Fig. 62) angewandt, wodurch der Apparat zu einem sehr empfindlichen Galvanometer wird, dessen Nadel, durch die Kupferdämpfung, fast momentan sich einstellt, wodurch viel Zeit erspart wird. Noch wirksamer, als bei Anwendung der angegebenen Kupferhülsen von 4 mm Dicke (Cu, Fig. 62) ist die Dämpfung, wenn man — nach einem Vorschlage des Mechanikers G. Lorenz (O. Haase) in Chemnitz — die 4 Rahmen, auf welche die mit Seide umsponnenen Kupferdrähte. gewickelt werden, aus dicken Platten von elektrolytischem Kupfer ausfräst und die Seitenränder aus Ebonit herstellt. Zur Anfertigung der Magnetnadeln eignen sich dicke Klaviersaiten oder dünne Tangenten-Speichen der Fahrräder sehr gut, da sie zäh sind und sich kalt biegen lassen, was die Selbstanfertigung der astatischen Nadel wesentlich erleichtert. Das Härten der bis auf das Magnetisieren fertig hergerichteten Nadeln geschieht, indem man sie auf einem Stück Blech über einer Spiritusflamme erhitzt, bis sie blau anlaufen; dann läfst man sie in ein Gefäfs mit Vaselinöl fallen. Die Hälfte der Nadel, welche den Südpol erhalten soll, wird nachher mit feinem Schmirgelpapier abgeschliffen.

Jede Einzelrolle ($R_1 R_2 R_3 R_4$, Fig. 62) hat 50 Windungen von 1 mm dickem Kupferdraht. Bei Anwendung der astatischen Nadel mufs die Verbindung der Drähte eine solche sein, dafs der Strom in den beiden oberen Drahtrollen in umgekehrter Richtung kreist, wie in den beiden unteren Rollen! Oft ist es wünschenswert, den Rollenwiderstand dem Widerstand der Stromquelle (Thermo-Element oder Induktionsrolle) möglichst anzupassen; das kann in einem gewissen Grade durch eine verschiedene Schaltung der Rollen erreicht werden. Zur leichteren Orientierung sind die Drahtenden jeder Rolle, durch welche der Strom eintreten soll, mit *roter* Seide bewickelt, während die anderen grün sind. Alle 8 Drahtenden sind an vernickelte Blechstücke mit Ausschnitten gelötet (vergl. Fig. 42, S. 71). Durch einige kleine Prefsklemmen werden die Drähte nach Bedarf unter sich verbunden. Die freien Enden werden zu den an den Schlitten befindlichen Doppelprefsklemmen $K_1 K_2$ geführt (in Fig. 62 sind K_1 u. K_2 leider als gewöhnliche Schraubenklemmen gezeichnet).

Ist der Widerstand jeder einzelnen Rolle = W, so können wir
den Rollenwiderstand in folgender Weise modificieren: 1) Alle
4 Rollen hintereinander geschaltet (in Fig. 62 angedeutet);
der Widerstand = 4 W. 2) Die oberen und die unteren
Rollen parallel geschaltet (d. h. man verbindet K_1 mit den
beiden roten Drähten seiner Rollen, K_2 in gleicher Weise mit
den grünen Drähten der zugehörigen Rollen, dann die oberen
und die unteren Rollen unter sich); der Widerstand = 2 W/2 = W,
also nur $^1/_4$ des vorigen. 3) Alle 4 Rollen parallel geschaltet (d. h. K_1 wird mit allen 4 roten, K_2 mit allen 4 grünen
Drähten verbunden); der Widerstand = W/4, also 16 mal kleiner
als bei der Schaltung hintereinander!

Sind die Rollen so geschaltet, daſs der Strom in allen in
gleicher Richtung kreist, so darf die astatische Nadel —
wenn der Widerstand und die Windungszahl der Einzelrollen
gleich ist — keinen Ausschlag zeigen! Schaltet man nun z. B.
in den Stromkreis der oberen Rollen einen Draht, dessen
Widerstand geprüft werden soll, und in den Stromkreis der
unteren Rolle bekannte Widerstände, bis der Ausschlag = 0
wird, so läſst sich, auch bei Verwendung eines wenig konstanten Elementes, die Widerstandsbestimmung sehr genau
ausführen (da beide Leiterzweige gleichzeitig von demselben Strom durchflossen werden). In ähnlicher Weise kann
man auch die Stromstärke zweier galvanischer Elemente mit
einander vergleichen, doch würde ein näheres Eingehen darauf
hier zu weit führen.

Wendet man statt der astatischen Nadel eine solche an, die
aus zwei gleichgerichtet parallelen Magnetstäbchen besteht,
so erhält man bei Anwendung der Doppelrollen einen empfindlichen gewöhnlichen Multiplikator, aber mit Kupferdämpfung.
Natürlich muſs in diesem Falle der Strom in allen 4 Rollen
gleiche Richtung haben. Diese Nadel hat vor der astatischen
den Vorzug, daſs sie sich sehr energisch in den magnetischen
Meridian einstellt. Die oben erwähnten Widerstandsverglei-
chungen können mit diesem Apparat ebenfalls (wenn auch weniger genau) angestellt werden; zum Nachweis der thermo-elektrischen Ströme oder der Induktionsströme (Fig. 63—65) reicht
die Empfindlichkeit aber nicht aus.

Zum Nachweis sehr schwacher Ströme kann an der asta-

tischen Nadel statt des Zeigers ein Spiegel (S, Fig. 62) eingesetzt werden, der das durch einen Spalt fallende und von einer
Cylinderlinse von grofser Brennweite (etwa 100 cm) konzen-
trierte Licht auf einen horizontalen Stab wirft, der mit Milli-
meterpapier beklebt ist, sodafs ein scharfes Bild des Spaltes
auf der Skala entsteht.   Hierdurch werden die kleinsten
Schwankungen der Magnetnadel sichtbar. Hierbei mufs das
Galvanometer durch einen Schutzkasten vor Luftzug geschützt
werden. (Da diese Versuchsanordnung ein gut verdunkeltes
Zimmer erfordert, so haben wir sie nicht benutzt.)

12. Die Wechselströme zeigen Eigenschaften, welche sie S. 143, 152.
von den gewöhnlichen oder den intermittierenden gleichgerichteten Strömen wesentlich unterscheiden. Sie können weder am
Galvanometer noch am Voltameter gemessen werden, da die
in rascher Folge und entgegengesetzter Richtung erfolgenden
Stromstöfse sich in ihrer Wirkung aufheben, und es sind zu
ihrer Messung besondere Apparate erforderlich, auf die wir
nicht eingehen können. Auch die Selbstinduktion im Leiter,
besonders wenn dieser lockenförmig gebogen ist, ist so bedeutend, dafs der Widerstand einer Drahtspule gröfser sein
kann als der einer kurzen Luftstrecke in einem geraden Leiter.
Der Widerstand eines Leiters für Wechselströme wird also
wesentlich durch seine Form beeinflufst (das war bei den
gleichgerichteten Strömen nicht der Fall). Daher gilt das
Ohm'sche Gesetz auch *nicht* für Wechselströme! Bei
gleichgerichteten Strömen ist die Leistungsfähigkeit gleichlanger
Drähte aus demselben Material der Fläche des Querschnitts
proportional (vergl. S. 90). Das ist nun bei den Wechsel-
strömen von hoher Wechselzahl nicht mehr der Fall; es scheint
vielmehr, als ob sie — bildlich gesprochen — nicht das Innere
des Drahtes durchsetzen, sondern nur längs der Oberfläche
dahingleiten! — Die Wechselströme der magnet-elektrischen
Maschinen oder gar der für Wechselstrom eingerichteten
dynamo-elektrischen Maschinen zeichnen sich durch ihre
intensive physiologische Wirkung aus und können, durch den
menschlichen Körper geleitet, den Tod zur Folge haben. Im
Widerspruch hierzu scheinen die Versuche von Tesla zu
stehen, wonach Ströme von sehr hoher Wechselzahl (bis
300 000 in der Sekunde) und grofser elektromotorischer Kraft

(60 000 Volt und darüber) durch den menschlichen Körper
geleitet werden können, ohne dafs die betreffende Person ein
Unbehagen verspürt. (Im Jahre 1893 wurden diese Versuche
von Prof. Jegorow im phys. Kab. der militär-med. Akademie in
St. Petersburg vor einem grofsen Zuschauerkreise wiederholt
und bestätigt.) — Wie Sie wissen, strahlt ein glühender Körper
Licht von sehr verschiedener Wellenlänge aus. Unser Auge
nimmt davon nur diejenigen wahr, welche 400—800 Billionen
Schwingungen in der Sekunde haben. Für die übrigen ist
unser Auge gänzlich unempfindlich. Wir können uns nun
denken, dafs unsere Nerven ebenfalls nur für gewisse, verhältnismäfsig langsame Schwingungen abgestimmt sind und
daher von den zu schnell erfolgenden Schwingungen der Tesla'-
schen Ströme nicht mehr erregt werden können.

Denjenigen Lesern, welche sich eingehender mit der Elektricitätslehre beschäftigen wollen, seien aus der grofsen Zahl der vorhandenen, zum Teil trefflichen Werke, folgende empfohlen.

L. Graetz: Die Elektricität und ihre Anwendung. Stuttgart 1883. Engelhorn. — (Sehr klar geschrieben.)

Müller-Pouillet's Lehrbuch der Physik und Meteorologie. IX. Aufl. Herausgegeben von Pfaundler. III. Bd. Braunschweig 1888—1890. Vieweg & Sohn. (Sehr eingehend, besonders auch die Theorie der Instrumente behandelnd.)

Eugen Netoliczka: Illustrierte Geschichte der Elektricität von den ältesten Zeiten bis auf unsere Tage. Wien 1886. Pichler's Wittwe & Sohn. (Mit zahlreichen litterarischen Hinweisen.)

Arthur Wilke: Die Elektricität, ihre Erzeugung und Anwendung in Industrie und Gewerbe. Leipzig 1893. Otto Spamer. (Aus der Theorie nur das Notwendigste, aber eine Fülle von Material in Bezug auf die technische Anwendung der Apparate bietend.)

E. von Lommel: Lehrbuch der Experimentalphysik. Leipzig (II. Aufl. 1894). Johann Ambrosius Barth. (Recht kurz, aber das Wichtige plastisch hervorhebend.)

Balfour Stewart und Haldane Gee (Deutsch von Karl Noack): Praktische Physik für Schulen und jüngere Studirende. I. Teil. Elektricität und Magnetismus. Berlin 1889. Julius Springer. (In den Erläuterungen etwas knapp, giebt dieses Büchlein eine vortreffliche Anleitung zur Herstellung einfacher Apparate und zur Anstellung von messenden Versuchen.)

Adolf Weinhold: Vorschule der Experimentalphysik. Leipzig (III. Aufl. 1883). Quandt & Händel. [Eine der vorzüglichsten Anleitungen zur Herstellung von Apparaten und zum Experimentieren; dabei mit den nötigen elementaren Erläuterungen versehen. Dieses Buch behandelt die ganze elementare Physik. Von gleicher Vortrefflichkeit sind die für eine höhere Stufe (Studierende und Lehrer) bestimmten „Physikal. Demonstrationen" desselben Verfassers.]

Paul Reis: Lehrbuch der Physik. Leipzig (VIII. Aufl. 1893) Quandt & Händel. [Wegen der deduktiven Darstellungsweise für den Anfänger etwas schwierig; dafür aber als vorzügliches Nachschlagebuch sehr zu empfehlen. Enthält auch eine grofse Zahl physikalischer Aufgaben (mit Angabe des Resultats)].

Die zu den beschriebenen Versuchen benutzten neuen
Apparate werden von den Mechanikern Ferdinand Ernecke
in Berlin (S.W. Königgrätzer Str. 112), sowie von G. Lorenz
(O. Haase) in Chemnitz, und von Max Kohl in Chemnitz zu
nachstehenden Preisen geliefert:

Name des Apparates	Mark
1 Aluminium-Elektrometer (Fig. 9, 16, 18); Seitenwände innen mit Drahtnetz versehen, 2 Kondensatorplatten, 1 Glimmerscheibe, 1 Gradskala auf Spiegelglas . . .	50
Extra: { 1 einsetzbare Projektionsskala (1 Aichungsskala oder 1 Gradskala) . . .	5
1 Ebonitpfropf mit Leitungsstab und Papierblättchen (zum Versuch Fig. 6)	5
1 aufschraubbare Hohlkugel (50 mm Durchm.) nebst 2 isolierten Probekugeln, zum Graduieren (I. Bd., S. 26 und 77)	5
1 Projektionstischchen (Fig. 13) mit 1 Lampe, 2 Linsen und 2 Blendschirmen (für alle Versuche mit dem Elektrometer), je nach der Gröfse der Linsen.	40—50
1 Papier-Elektroskop (Fig. 8)	12
2 Aluminium-Elektroskope nebst Zubehör (für qualitative Versuche)	25
1 Universalgestell (Fig. 23, 35, 62), vollständig (vergl. Anh. 11)	135
a) Das Gestell allein (A, Fig. 23 oder 35). . . .	25
b) Teile, um es als Ampère'sches Gestell zu benutzen (Fig. 23—26); die beweglichen Leiter aus Aluminium mit Silberspitzen; alle Stromleiter mit stellbaren Stromrichtungs-Zeigern	30
c) Teile zum Modell eines Multiplikators und einer Tangensbussole (Fig. 35, 36)	32
d) Teile zum empfindlichen Galvanometer (Fig. 62) mit astatischer Nadel und Kupferdämpfung, sowie einem einsetzbaren Spiegel; zum Nachweis der thermo-elektrischen Ströme (Fig. 60) und der magnet-elektrischen Induktion (Fig. 63—65, 73) .	36
e) 1 Schutzkasten aus Pappe mit 2 Glaswänden, für feinere Versuche (mit dem Spiegel)	7

Name des Apparates	Mark
f) 1 Aufbewahrungskasten für die Solenoide, Nadeln u. s. w.	5
Extra: { 1 genau planparallel geschliffener Spiegel .	12
1 Doppelnadel mit 2 gleichgerichteten Magneten (Anh. 11)	8
1 modificierter Rühmkorff'scher Stromwender (Fig. 20) mit automatischem Stromrichtungs-Zeiger, Prefsschrauben, sichtbarer Stromleitung (zu den Versuchen Fig. 21, 24, 41 besonders geeignet)	25
1 handlicher Stromleiter (Fig. 30) zum Nachweis der Ampère'schen Gesetze	7,50
1 kleines Tauchelement (Fig. 10)	2
1 Batterie von 5 kleinen Tauchelementen (Fig. 15)	12
1 kleines konstantes Element (Fig. 17) zum Graduieren des Galvanometers	3,50
1 Batterie von 5 konstanten Elementen (A, Fig. 18) . . .	15
1 Batterie von 50 konstanten Elementen auf 1 Brett, zum Nachweis des Stromgefälles (Fig. 19)	130
1 Demonstrations-Galvanometer (zu Versuchen Fig. 43 bis 51, 54, 59):	
a) Sinus-Tangensbussole(Fig.37) bei Ernecke mit drehbarem Metallständer und und bei Obach'schem Ring; Durchmesser Lorenz . . des Skalenringes = 230 mm (1° bei = 2 mm) mit Visier . . . . . Max Kohl .	145 / 100
b) Tangensbussole mit festem Ring, Gröfse dieselbe .	90
c) Tangensbussole, kleiner (Durchmesser des Skalenringes = 180 mm, 1° = 1,56 mm). Mit festem Holzständer, Papierskala	65
1 Glaskasten aus Spiegelglas, 18 × 8 × 7 cm, (zu Versuchen Fig. 43, 45—47, 50) von E. Leybold's Nachfolger in Cöln .	1,50—2

Alphabetisches Sachregister.

[Die Zahlen beziehen sich auf die Seiten; Anh. = Anhang; EK = elektromot. Kraft.]

Buchdruckerei von Gustav Schade (Otto Francke) Berlin N.